誰改變了世界？

⑤

5個科學先驅的故事

≈ da Vinci ≈

≈ Wright ≈

錄

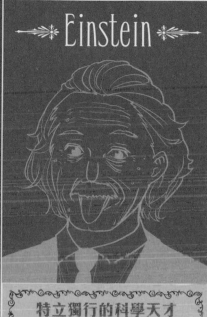

Wegener

Einstein

藝術家的科學構想

達文西

提起達文西，大家會想到甚麼？《蒙娜麗莎》？還是《最後的晚餐》？這些不朽的名作固然引人注目，但這位意大利**文藝復興**時代*傳奇人物的厲害之處可不只有繪畫。在其遺下的七千多張手稿中，就有**各式各樣**的設計圖和以左右反轉的**鏡像文字**寫下的解說理論，當中涉及音樂、建築、幾何學、生物、解剖學、地質學，甚至是土木工程、機械等多個範疇的知識。

他不單是才華橫溢的**畫家**，更是一位傑出的**發明家**和**科學家**。究竟是何原因讓他涉獵多個領域？且來看看這位博學之士的生活片斷吧！

*文藝復興 (Renaissance)，於14至16世紀歐洲的一場文化運動，在藝術、文學、政治等各方面都出現重大變革。

畫家天賦

達文西的全名是李安納度・達・文西 (Leonardo da Vinci，下稱「達文西」)，於1452年4月15日在一個叫「文西」(Vinci) 的小鎮出生。事實上，「da Vinci」並非正式姓氏，而是指「of Vinci」，所以Leonardo da Vinci即「來自文西的李安納度」。

他自小擁有強烈的好奇心，在鄉郊生活時經常接觸大自然，四處觀察各種動植物，理解箇中特性。在他長大成人後，就曾經混合松脂、芥末籽等植物自製顏料，甚至設計出一部碾磨顏料的機器，估計靈感來自農村中的磨坊。

這些是甚麼植物？

另外，據說有一次他在附近爬山時，發現了一個山洞……

「不知裏面有甚麼東西呢？」他好奇地想。只是洞內黑漆漆的，根本無法看得清楚。

小小的達文西想進去一探究竟，但又被那片黑暗嚇得不敢踏前一步，站在洞口猶豫良久。最後，好奇心終於戰勝恐懼，他點着一枝用燈芯草製成的蠟燭，戰戰兢兢地爬進山洞。當他看到凹凸不平的洞壁上，竟嵌着許多大鯨魚和貝殼的化石，不禁大為驚歎。

達文西在鄉間度過了自由自在的童年生活，至12歲就被父親皮耶羅·達·文西接到佛羅倫斯居住，並開始了一段與其他家族成員大相

逕庭的生活。多年來，達文西家族的男丁通常在正統學校讀書，然後出任公證人一職。此職主要負責撰寫和保管合約、各類法律文件等，與現代的律師相近。皮耶羅更是佛羅倫斯著名的公證人，不過兒子卻走上另一條道路。

1468年，16歲的達文西被送至佛羅倫斯著名藝術家委羅基奧*的工作坊當學徒，並沒接受拉丁語、邏輯學等正規課程教育。究其原因，據說是其父親知道兒子在繪畫上有卓越的才能。因此，他常常自嘲是一個「未受過教育的人」。

此後，他一邊工作，一邊從中學習各種技巧，包括繪畫、雕刻，甚至工程技藝，並很快超越同期夥伴，甚至是自己的師傅，到25歲已能開設自己的工作室。只是，他所得的畫作訂單不多，而且有兩件——《三博士來朝》和《聖葉理諾在野外》更是最終都沒完成。

---

*安德烈‧德爾‧委羅基奧 (Andrea del Verrocchio，約1435-1488年)，意大利畫家及雕塑家。

　　為何會這樣？真相已不得而知。不過，有學者相信原因出在其**追求完美**的性格。他執拗地希望透過人物的肢體動作表達內心感受，只是當時仍未能完全掌握技巧，於是**中途而廢**。

上圖是達文西早期的作品《聖母領報》(Annunciation)。題材取自《聖經》故事，畫中的天使向聖母瑪利亞表示她懷孕了，耶穌基督將要出生。

追求夢想

1482年，將近30歲的達文西決定離開佛羅倫斯，到**米蘭**展開新生活。從搬運清單顯示，他幾乎帶走了所有財產。

一直以來，他都有將自己**所思所見**記下來的習慣，如生活細節和日常開支都會寫在**筆記**中，以作提醒。所以，他隨身帶着記事用的小冊子，以便即時記錄。

這些手稿成了研究這位通才的重要資料。然而，由於大部分筆記都沒標示日期，以致無法確定內容寫於何時，唯有靠其他資料**互相參照**。

在其中一張筆記內，就有他起程時**估算**從佛羅倫斯到米蘭的路程大約是180英里，結果證明非常**正確**。

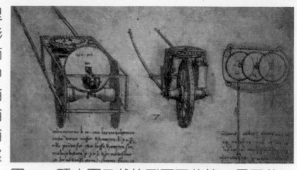

→達文西曾設計里程計算器，其外形猶如手拉車。上面有個大圓盤，當中放置小石子。車輪與圓盤之間以齒輪組件連接，使車輪轉動時可帶動圓盤旋轉。當圓盤轉了一圈，一顆小石子就掉到下面的箱。只要數一數箱內有多少石子，就能計算走了多少哩路。

　　達文西來到米蘭後，便朝多方面發展。他曾向該城的統治者——**米蘭公爵**盧多維科*寫了一封自薦信。信中開首就聲稱自己能為對方設計**嶄新的武器**，並羅列了新型武器清單，然後提及他亦勝任建築師、雕塑家、畫家等。

　　顯然，比起藝術家，他更喜歡自詡為**軍事工程師**。不過，盧多維科卻無意將軍事重任交給一個從未參與戰爭的人。後來，達文西只以**娛樂藝人**的身份在其麾下辦事，於慶典和劇場活動**大展拳腳**。

*盧多維科‧斯福爾扎 (Ludovico Sforza，1452-1508年)，因皮膚黝黑而有「摩爾人」的綽號。

中世紀的歐洲流行「**神劇**」，即以戲劇方式演繹聖經故事。舞台上出現天堂地獄的情景，天使魔鬼角色粉墨登場。自14世紀，意大利已有運用各種機械如**滑輪**、**懸吊裝置**等進行場景轉換的記載。

　　達文西是**舞台製作**的箇中好手，宮廷中的神劇從設計、道具、戲服，以至音樂等都由其工作團隊一手包辦。其中他曾設計一種**半球旋轉舞**

台，借助機械轉動大型的半球體來轉換場景，並且讓演員從台中央升上來，令觀眾**歎為觀止**。

除此之外，他亦發明多種新穎的樂器，例如能自動演奏的大鼓、提琴式風琴等。從舞台建設與樂器設計，都反映他很熟悉運用機械。在現存的手稿中，就有許多以精細筆觸畫成的機械圖，不單是整體設計，也有組件的素描和透視圖，以了解機械的運作原理。

其實，不單是機械，達文西對生物的構造也很感興趣。早於跟隨委羅基奧當學徒時，達文西就開始研究人類構造，估計也曾在醫院觀看人體解剖。在米蘭定居後，他就到大學請教專家，甚至親自解剖過多具屍體，探究骨骼、肌肉、筋腱、神經等各個部位，了解人如何活動。又畫下大量精細的解剖圖，配以各種說明。

他曾在筆記寫道：「首先要了解人體結構，明白後就學習肢體動作，觀察人類在不同情況下如何活動肢體，然後到構圖……」

只有對人的結構有深切認識，才能畫出逼真

的人物，這一切似乎都是為繪畫而做的準備。

　　不過，情況可能不單如此。達文西於一張筆記畫下人類頭骨的截面，在旁列出研究項目，當中反映其思路：

哪根神經令眼睛移動？一隻眼移動時是哪條神經令另一隻眼也動起來？

人怎會在子宮裏，為何八個月大的胎兒在體外活不下去？

哪些神經使眼皮闔上、眉毛挑起、牙關咬緊、嘴唇撅起、笑、表現驚訝……

為何打噴嚏？為何打呵欠？癲癇、痙攣、痲痺，顫抖、飢餓、睡眠、口渴……

　　從視覺神經一直**推而及之**，這已不只應用於繪畫，更像在為滿足好奇心而做**科學研究**。另

外，他又曾製造**心臟模型**，分析心臟主動脈瓣膜如何運作。直至1960年，科學家才證實其發現準確無誤。

此外，達文西亦研究人類肢體的**比例**。他對古羅馬工程師維特魯威在《建築十書》提倡的良好人體深深着迷，並按其指示畫下著名的《**維特魯威人**》。

畫中的**圓形**和**正方形**代表宇宙秩序。維特魯威將建築和人體比擬成一個宇宙，都需要好比例。他認為一個良好的人平躺在地上，手腳張開，把指南針對準其肚臍，手指和腳趾就會碰到**圓周**。此外，若測量腳跟到頭頂的距離，再與張開的雙臂比較，兩者應該一樣，猶如一個長寬相等的**完美正方形**。

除了人體剖析，達文西也研究多種動物，尤其是鳥類和其他會飛的生物，時常觀察牠們如何**飛行**。

筆記內載有大量觀鳥記錄，他根據鳥的外形和習性研究其尾巴和翅膀，並探索空氣如何影響飛行活動。他將自己的觀察心得**彙集成篇**，現稱《鳥類飛行手稿》。

另外，舞台製作也有使飾演天使的演員於空中「飛舞」的機械裝置，但那終究是**虛假**的。他希望人類真的能像鳥兒般**翱翔天際**，於是先後設計多部**飛行器**，如滑翔翼、降落傘（現代試飛成功）、空氣螺旋槳等，甚至曾親身試飛呢。

這個應該可以吧？不如試飛一次。

繪畫中的科學

1495年，盧多維科想在聖瑪利亞感恩修道院修建**家族陵墓**，遂下令重建。他委託達文西在院內食堂北面的一堵牆，畫上著名的場景——**耶穌與門徒的最後晚餐**。

當耶穌吃飯時，向一眾門徒預言：「你們之中有一個人會出賣我。」《最後的晚餐》就描繪了眾人聽到這句話後的**反應**。透過他們不同的**肢體動作**和**面部表情**，表達出獨自的想法。

達文西經常在街上細心觀察人們的動作，從中了解各種**小動作**的意義。同時，人體研究亦令他明白人感受不同情緒，其身體會作何反應，這些都幫助他畫得更**傳神**。此外，他也運用了**透視法**，使壁畫更顯立體感，也更真實。

當觀看物件時，若**距離**不同，其大小、輪廓清晰度及顏色都有差異。例如物件愈遠，就會顯得愈小和愈模糊，這就是透視的方法。在畫中畫了**透視線**後，可見到耶穌頭上後方的窗戶集中成**焦點**，兩側牆壁和天花板則猶如往後方**伸延**，形成一個**立體空間**。

焦點

透視線

達文西花了2年時間，於1497年完成壁畫。他把**蛋彩**與**油彩**顏料混合起來塗上牆壁，可惜**弄巧成拙**，褪色速度比想像中快。往後數百年間，這幅鉅作歷經多次**修復**，恐怕是他始料不及的。

此後他日復一日地工作，可惜安穩的生活並不長久。1499年夏天，法國國王路易十二派兵入侵，米蘭公爵被逼逃離。失去僱主的達文西**小心翼翼**，替法國人工作數個月後，就離開這個生活了17年的城市，翌年初返回佛羅倫斯。那時他已經快50歲，一個難得的工作機會突然到來。

1501年，法國公爵切薩雷・波吉亞*率軍接近佛羅倫斯。達文西受市政府所託，被派去為對方工作，以換取城市安寧。他很快就得到波吉亞**賞識**，授命改善軍備。如前所述，達文西設計過多款武器，**憧憬**成為軍事工程師。故此，這算是**得償所願**了。

*切薩雷・波吉亞 (Cesare Borgia)，曾任樞機，還俗後被冊封為法國瓦倫提諾公爵以及教宗麾下的軍事統帥。

此後，他跟隨波吉亞四處征討，並活用其工程師的頭腦**出謀劃策**。據說某天軍隊被河道阻隔，無法前進。達文西用十數根木頭，不費一釘一繩，就搭出一座**自撐橋**，令軍隊成功渡河。

厲害！果然是天下聞名的達文西先生！

過獎了。

1502年，軍隊接近意大利北部的伊莫拉城。波吉亞希望將此地規劃成軍事要塞。於是，達文西就以**垂直角度**繪畫出一張伊莫拉的**鳥瞰地圖**。該圖不但清晰簡潔，沒有多餘裝飾圖案，其準確度

幾乎與現代地圖並無二致，是結合科學與藝術的成果。

雖然達文西圓了軍事工程師的夢想，但當看到大量不歸順者被處死，其他城市被洗劫一空，就被波吉亞殘暴的一面所嚇倒。結果，他在1503年離開軍隊，返回佛羅倫斯，並開始繪畫那幅聞名於世的作品——《蒙娜麗莎》。

據說這幅畫是達文西受富商法蘭西斯科·喬亢多 (Francesco Giocondo) 委託，替其妻子麗莎畫肖像。「蒙娜」(Mona) 是意大利語「Madonna」的簡稱，即「我的女士」，「蒙娜麗莎」就是「麗莎女士」的意思。

此巨作最為人津津樂道的就是那抹神秘

的微笑，究竟其魅力何在？多年來，科學家一直研究這問題，眾說紛紜，在此就以其中兩點略作說明吧。

首先，這再次歸功於達文西對人體構造的熟悉。他曾仔細分析臉孔包括上唇、下唇以至附近肌肉的活動方式，估計亦探究過人在微笑時由哪些神經和肌肉控制，這使他明白如何畫出令人難以忘懷的笑容。

另外，他在畫中運用了暈塗法 (sfumato，又稱朦朧法)。那是以色彩調和的方式刻意使影像輪廓變得模糊，由於界線不分明，反而造成似有還無的神秘效果。

《蒙娜麗莎》是達文西的傾力之作，但最終並沒交予委託人，因為他直到去世前不久都仍持續畫着。

湯要涼了──
旅程的終點

　　1506年，達文西再次搬到**米蘭**，7年後又在**羅馬**逗留3載。其後他獲法國國王法蘭索瓦一世賞識，遷居**法國**昂布瓦斯，當地的克勞斯·呂斯城堡成其晚年的居所。

　　他一直將**寶貴**的物件帶在身邊，包括《蒙娜麗莎》，還有大量**手稿**。當中有一張被認為是最後的筆記，只是其結尾方式有些**奇怪**。文章正記載着三角形面積的研究，最後卻突兀地冒出一句「**因為湯要涼了**」。這可能是他寫作途中，因要吃飯而暫時離開。總之，他沒再回來寫下去，也似乎預示着**人生落幕**的時刻來到了。

　　達文西自始至終都保有無窮的**好奇心**，從大自然汲取靈感，探究各種事物，**精益求精**，度過

了豐盛的人生。如其所言：「**努力**地過上一天自有一頓好眠，**充實**地度過一生就能獲得安息。」

　　他逝世已超過500年，人們仍為其各種神秘而有趣的**構想**所吸引。大家又對他哪些知識感興趣呢？

科學小知識
達文西的其他神奇發明

圓形坦克

　　這是達文西的一項著名武器設計──圓形坦克，其外形如龜，下方四周裝設大炮。據筆記所述，裏面需要 8 個人合力，始能驅動坦克以及控制炮管。

圓形坦克復原模型的內部構造。

自走車

車內利用兩組渦狀彈簧，各自朝反方向旋轉，將動力傳送至上方的齒輪，再帶動其他零件，使車自動行走。有學者估計這輛車是一種用於劇場表演的裝置。

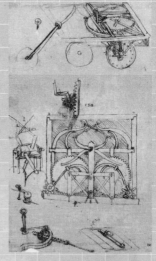

復原模型。

滑翔翼

從復原模型可見，滑翔翼中間有方向舵，讓駕駛者調節方向。現代有人製成實物並稍作改良，加上尾翼後就能飛起來。

空氣螺旋槳

這個有趣的設計令人聯想到直升機，人們在下方的底座轉動軸輪，令上方的螺旋槳旋轉，藉此攪動空氣上升。不過，據研究人員估計，就算給予足夠動力，最終螺旋槳只會與底座斷開分離，無法載人上天空。

飛行夢想家

萊特兄弟

一架**滑翔機**正迎着猛烈的風，在離地數米處滑行。駕駛者趴在**雙層機翼**之間，兩手緊緊抓住木杆。他輕輕側着身子，企圖向右轉彎，但機體竟**不受控制**，反朝左方打轉！

同一剎那，**「彭」**的一聲，左邊機翼撞到沙地，滑翔機戛然剎停。衝擊力令駕駛者被凌空拋出機外，**硬生生**地撞到沙丘上。只見他臉上**紅一塊紫一塊**的，看來傷得不輕。這時，數名男子跑到他身邊。

「威爾伯，你沒事吧？」一個唇上長着鬍子的男人蹲下來急問。

「放心，奧維爾，我沒事。」

只是，當另一個壯碩男子想扶起威爾伯時，卻碰到其肋骨，令他忍不住叫道：**「很痛！」**

呼痛聲嚇得男子差點放手，幸好奧維爾**眼明手快**扶住了威爾伯，他急忙檢查對方的胸口。

「不要緊，泰特先生，哥哥他沒有骨折。」奧維爾**鬆了一口氣**，「應該只是碰到舵而撞傷了。」

這時，威爾伯冷不防說了一句：**「不行。」**

「不行？甚麼不行？」泰特完全摸不着頭腦。

「它……」威爾伯望着躺在沙丘的滑翔機，

「始終不行。」

「但剛才你飛得很高啊。」

「其實我無法控制它左右轉彎，稍微拉一下水平舵，機頭就突然升得很高，然後就掉下來了。」威爾伯的聲音透着沮喪，「比上次飛得更差。」

「不不不，這次試飛的成績已經很好，飛了超過100米啊。」一位年紀較大的男人拍拍威爾伯的肩膀安慰，「別太介懷，失敗乃成功之母。」

「沙努特先生，你知道情況的。」威爾伯的臉色變得更難看。

「唉，總之……」沙努特輕歎一聲，「我們總有一天會成功的。」

「說得對。」奧維爾也強打精神，向兄長鼓勵道，「哥哥，我們繼續試吧。」

「對，繼續試。」威爾伯點頭喃喃說道，「試到不能再試為止。」

結果，他們多試了十數天，才乘火車返回家鄉。途中，兩人在車廂內**有一搭沒一搭**地説起話來。

　　「真是的，那裏的**蚊子**多到煩人。」

　　「下次要做好防蚊裝備。」

　　「還要籌措更多**資金**，這樣才能繼續研究。」

　　「回家後再想辦法吧，或許設計新一款的單車去**增加利潤**。」

　　「呼。」奧維爾輕輕歎了一聲，「總之下次去小鷹鎮試飛時一定要做好**萬全準備**，這樣才能成功。」

　　「⋯⋯我們還會到那裏嗎？」威爾伯望着車窗外的天空，**喃喃自語**，「恐怕就算再過千年，人類都無法飛上天空。」

　　奧維爾望着兄長，**不發一言**，心中明白那只是**氣話**。可是他也不禁在想，究竟為何會這樣

的？哪裏出了差錯？

　　早於18世紀，人類已有乘坐**熱氣球**升空的經驗，但那只能在半空隨風飄盪。後來在氣球加上螺旋槳，使之變成**飛船**緩慢前進。此後，多位航空先驅曾試圖發明其他飛行機械，卻都失敗收場，始終未能如鳥兒般自由自在地**翱翔天際**。

　　直到20世紀初，**萊特兄弟** (Wright brothers) 成功製造出一架重於空氣、能自由操縱的劃時代航空機器——**飛機**，才有所突破。但二人成功並非一朝一夕之事，而是靠**不斷嘗試**所得的成果，開首所述的經歷也只是他們不停試驗下的其中一次**挫折**而已。

　　不過，其實這兩兄弟最初以製造單車起家，繼而從**兩個輪子**轉向研究**兩對翅膀**的。

預備時間

　　威爾伯‧萊特 (Wilbur Wright) 於1867年在美國印第安那州的米爾維爾鎮出生，在兄弟中排第三。4年後，弟弟**奧維爾**‧**萊特** (Orville Wright) 就在俄亥俄州的代頓 (Dayton) 降生。二人另有2個哥哥和1個妹妹，還有2個弟弟卻不幸夭折了。

　　他們的父親米爾頓‧萊特身為教會主教兼巡迴傳道人，早年四處奔波，婚後亦遷家多次，最後就在**代頓**定居。他十分重視**家教**，對兒女的言行

舉止和生活習慣都有所**規戒**，但不會壓抑其好奇心，時常鼓勵他們**多閱讀**、**多思考**。他在書房擺放各種各樣的書籍，諸如

歷史、小說、科學，甚至是百科全書，讓孩子**自由選閱**，以求他們從中有所裨益。

據說有一次米爾頓出差後回家，向威爾伯和奧維爾送了一份**禮物**，那是一個以橡皮圈連接兩塊螺旋槳的「**直升機**」。只要將之拋向空中，它就會徐徐轉動飛舞，再落到地上。兩兄弟都玩得**津津有味**，亦成為他們日後研究飛行的其中一個契機。

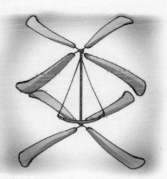

←這件玩具的原型來自法國航空先驅阿爾馮斯‧潘瑙 (Alphonse Pénaud) 於1870年製成的試作飛行機器。

年少的威爾伯在學校**品學兼優**，也是一名運動健將，有望進入大學讀書。然而**好景不常**，他18歲時卻發生一件事，從此改變其人生道路。

某天他與朋友正開心地玩**冰上曲棍球**。突然，一枝**球棍**揮過來，打中了他的臉。其力度之

大令威爾伯上排的門牙都被打掉了，傷勢非常嚴重。由於他長時間承受**無比痛楚**，靠吃止痛藥舒緩，也因此變得**鬱鬱寡歡**，失去了昔日的笑容，連大學都上不了，只躲在家中差不多3年。不過，其間他並非無所事事，而是**博覽羣書**，增進各種知識。

另一方面，弟弟奧維爾升上高中後，曾在暑假到一間印刷公司當**學徒**。後來他利用一些廢料製造一部簡陋的印刷機，嘗試開辦自己的印刷店。及後，他又想創辦一份**本地報紙**，遂請威爾伯擔任編輯，成功將哥哥拉出家門，重投社會。

到了18世紀90年代，正值**單車熱潮**興起，人人都騎車四處

活動，二人便將目光轉向這種大為**流行**的玩意。他們自行學習修理單車，於1893年開辦單車店，並設計及製作自身的**品牌**，搞得有聲有色。

小試牛刀

1896年，有「**飛人**」(flying man) 之稱的德國航空研究先驅李林塔爾*試飛失敗身亡。年近三十的萊特兄弟從報紙看到這段新聞後，開始對飛行**大感興趣**。兩人趁着單車事業已上軌道，轉而專注探究飛行機器。他們曾向美國**史密森學會***索取研究

航空的資料，並閱讀大量有關飛行的書籍，又參考

前人經驗，**觀察**鳥類在空中飛翔的姿態。

*奧托・李林塔爾 (Karl Wilhelm Otto Lilienthal，1848-1896年)，德國航空先驅，是首個能重複完成滑翔飛行的人。
*史密森學會 (Smithsonian Institution)，美國多所博物館與研究機構的半官方統合組織，透過英國科學家詹姆斯・史密森的遺產捐贈，於1846年創建。

　　1899年，二人參照前人的**數據**，試着用竹篾和紙製造一隻如風箏般的小型**雙翼滑翔機**模型。模型的機翼約有1.5米，分成上下兩層，中間以木條支撐，並連接多條交錯的**繩子**。

　　只要拉動那些繩，便能令翼尖稍作**扭曲**，使機體一邊的**升力提高**，另一邊的**升力降低**，從而做到**轉彎**效果。據說此法源於威爾伯將一個長型紙箱扭彎時，想到若把機翼如鳥翅般以不同角度輕輕扭曲，應該能自如地改變前進方向。後來他們申請專利，稱為「**翹曲機翼**」。

←所謂升力，就是流體經過物體表面時產生的一種力，只有升力大於物體本身的重量，該物體才能升到空中。

這隻鷹飛翔時，一隻翅膀的前緣往上扭動，增加升力；另一隻翅膀的前緣則向下扭動，減低升力。這樣就能令身體傾斜，從而做到轉彎的效果。

到了8月某日，威爾伯決定到山上**試放模型**，確認它能操縱順利。當天奧維爾剛巧不在，只有數個好事的小男孩在旁觀看。威爾伯以一個X型的棍子控制繩索，猶如**放風箏**一般，將滑翔機模型放至天空。

「他在做甚麼？」

「笨蛋，不就是**放風箏**啊？」

「風箏是這樣子的嗎？」

「很大啊！」

正當男孩們**七嘴八舌**地竊竊私語，卻發現

那滑翔機竟向着自己俯衝過來！

「哇！它衝過來了！」

他們全都嚇得立刻趴下來，接着聽到「**磅**」的一聲，抬頭一看，模型已掉到地上了。

這時威爾伯趕緊跑過來問：「你們沒事吧？」

「我們沒事。」一個男孩説。

「啊，風箏**破了**。」另一個男孩指着模型道。

「唔，當機身俯下時繩子就會變鬆，反而令我無法控制。」威爾伯捧起模型**喃喃自語**，「即是控制方面仍不穩定，不過相信沒問題的，接着應該可試造一架正式的**滑翔機**。」

之後，萊特兄弟依據模型製造一架大到足以**載人**的滑翔機。當中翼幅長5米多，翼面以布縫在木支架製成。

為了找尋合適的**試飛場地**，他們寫信請教當時的航空研究專家沙努特*，又向美國氣象局查

*奧克塔夫・沙努特 (Octave Chanute，1832-1910年)，美籍法裔工程師、航空研究先驅。

詢各地的風力資訊。結果，二人選了北卡羅萊納州外灘羣島一個叫**小鷹鎮** (Kitty Hawk) 的偏遠地方。那裏是個漁村，居民不多，一片**荒涼**。不過，鎮附近有片廣闊的沙丘，而且因面臨外海，四周常刮起來自大西洋的**猛烈強風**，正好適合試飛滑翔機。

1900年9月上旬，威爾伯先行**出發**。奧維爾則留在代頓打包零件、工具、帳篷等物資，託人運送，直到9月下旬才到達小鷹鎮。另外，由於機翼太長而不便搬運，他們決定就地購買木材製作，裝嵌機身，接下來便可開始行動。二人先從**無人試飛**開始，以繩索控制滑翔機，**熟習技巧**。只是初時控制得不好，加上風勢太強，滑翔機很快就墜到地上，連機翼也破損了。他們以縫紉機將布重新縫好後再次嘗試，並漸漸**掌握訣竅**。

後來，萊特兄弟決定嘗試**親自駕駛**，通常由威爾伯一人試飛。他趴在駕駛座，用腳壓着操縱

杆控制機翼扭曲度，讓滑翔機向左或向右**傾斜**以便轉彎。

10月下旬，二人已親身**驗證**出機翼扭曲後的確能使機身轉彎，但亦察覺到機體升力不足。他們猜測是機翼形狀所致，遂着手**改良**，其中一項就是加大機翼的**弧度**。

1901年7月上旬，萊特兄弟再次前往小鷹鎮**測試**新款滑翔機。前輩沙努特及其助手也受邀到來觀看試飛活動，當地居民泰特及其弟弟亦到場幫忙。然而，這次兩兄弟卻**吃足苦頭**。首先，由於小鷹鎮在數天前曾下雨，令蚊蟲滋生，他們就在那裏被**數之不盡**的蚊子叮咬，苦不堪言，直到數天過後始緩和下來。

另外，試飛表現也**不符預期**，甚至比前一年更差。雖然滑翔機飛得比之前高，但操作上卻變得**困難**了。有一次威爾伯拉動方向舵時，滑翔機突然飛得太高，直接**失速下墜**。幸好他當時用盡

全力拉住舵，才不至於直接撞到地上。

　　他們停飛數天以**檢討**情況，並歸因於加大了的機翼弧度。那的確能提高升力，但機翼的壓力中心卻因此改變，反而造成**操縱困難**。二人遂重新將機翼改回原先的弧度，靠強風帶動而飛了一百多米。沙努特對這成績大表**讚賞**，但萊特兄弟卻很不滿意。因為他們仍未能解決無法自如控制轉彎的問題，甚至有次試飛時機身出現**打轉**現象，直墮地面，威爾伯被拋出機外**受傷**。最後，他們帶着**沮喪**的心情離開，威爾伯更一度明言人類再過千年也無法飛行。

　　不過意想不到的是，二人卻只用一年時間就推翻了自己的「**宣言**」。

再接再厲

　　萊特兄弟很快**重新振作**，並從那次失敗經歷明白李林塔爾及其他前人的資料有誤，決定自行重新研究。

　　他們獨力製造一個**風洞裝置**，逐一試驗各種形狀的機翼。那是一個長方形木箱，長約1.8米，橫切面呈正方形。箱的兩邊都穿洞，其中一邊安裝一個**大風扇**，能吹出速度達每秒13米的**強風**。由於風扇以汽油引擎發動，故此每次啟動時都會發出非常

吵耳的轟隆聲響。

風通過喇叭般的**噴嘴**，吹向前方架子上不同形狀的**金屬片**，以模擬機翼受強風吹過時引發的**升力**與**阻力**大小。兩人進行不下兩百次**實驗**，從中得到大量**新數據**。

與此同時，由於他們沒有政府或財團支持，須努力經營單車生意以賺取**研究費用**，並儘量抽時間設計新滑翔機。

1902年8月，第三架滑翔機終於製作完成。其機翼長約9.8米，比之前兩架的要長得多，面積也較大。另外，萊特兄弟在**主翼**後方加裝兩塊固定的垂直木板作**尾翼**，讓機體轉彎時更穩定。之後他們**躊躇滿志**地到小鷹鎮再度試飛，卻發現依然未能有效轉彎。就在二人快要**灰心**之際，一絲**曙光**竄進來了⋯⋯

「真是的！」奧維爾喝了一口**咖啡**，忍不住歎道，「究竟要怎樣做才能改善情況？」

　　威爾伯並沒回話，只是默默看着面前的滑翔機。

　　「只靠**拉扯主翼**不足以有效轉向。」奧維爾又喝一口**咖啡**，繼續抱怨，「一轉彎，機翼就幾乎擦到地面，但一拉起機頭便直接**失速**，整架機就掉下來！」

　　「現在先睡一覺，明天再說吧。」威爾伯只淡淡說道。

　　二人遂各自上床就寢，可是奧維爾在床上**輾轉反側**。

　　「糟糕，喝了太多咖啡，現在反而睡不着。」他雖很**疲累**，但就是無法入睡，思緒也漸漸回到滑翔機上。想着想着，突然**靈光一閃**，「固定尾翼確能穩定機身，但若它也能動，不就可順着情況改變尾翼角度，這樣就更易控制轉彎了！」

　　翌晨，奧維爾把自己的想法告訴兄長。威爾伯**恍然大悟**，提議將扭動主翼的鐵線與垂直尾翼

連結起來，再將兩塊垂直尾翼改成只使用一塊，這樣駕駛員就能同時操縱舵以及翹曲機翼了。

果然，改良後的滑翔機飛得比之前更**快**、更**平穩**。威爾伯在其中一次試飛時，更留下約190米、**滯空時間**達26秒的紀錄。他們在小鷹鎮前後逗留了近兩個月，輪流試飛近千次，終於掌握操縱技巧。

及後為達成**動力飛行**，萊特兄弟向多間汽車製造商請求供應**汽油引擎**，但當中大部分不是沒回覆，就是對方提供的引擎過重。於是，他們委託單車店機械師傅查爾斯・泰勒 (Charles Taylor)

自行設計。泰勒利用店內工具，以汽車引擎為藍本，費時6週就造出一款輕型燃油噴射引擎。另外，二人又將輪船的螺旋槳裝到飛機以產生推力，但發覺飛機所需的槳葉長度、闊度及螺旋角度比一般船隻的更精密。經多次計算與改良，他們終於設計出2個合適的螺旋槳，安裝在雙層機翼間，以鏈條與引擎連接起來。

1903年初，萊特兄弟終於完成首架動力飛機——「飛行者」(Flyer) 一號。

同年7月，二人得悉物理學家蘭利教授*設計的飛行裝置在華盛頓公開試飛。雖然蘭利最後失敗了，但兩兄弟有感其他競爭對手正如影隨形地步步逼近，必須加快準備。

9月，萊特兄弟將「飛行者」運往小鷹鎮屠魔崗 (Kill Devil Hills)。起初他們只以滑翔方式試飛，至10月下旬才將引擎安裝到機身，可是一發動即出

*塞繆爾‧皮爾龐特‧蘭利 (Samuel Pierpont Langley，1834-1906年)，美國物理學家、天文學家與航空學先驅，曾任史密森學會秘書。

現毛病，導致螺旋軸嚴重**扭曲變形**。他們將損壞部分寄回代頓，讓泰勒**修理**多次，到12月初才收到新零件，並將之接上機身。

12月14日下午，當地的救生站隊員丹尼爾斯與另外兩人出手幫忙，將沉重的飛機拖到一個鋪了**發射軌道**的斜坡，然後放至軌道的一輛兩輪式台車上。這是因為飛機本身沒安裝車輪，故須靠軌道協助飛機**滑行**。

萊特兄弟以**擲幣**分先後，結果先由威爾伯登機試飛。飛機順着軌道不斷滑下，奧維爾則在旁抓住機翼支柱協助穩定機體。他不斷往前**奔跑**，直至追不上才**放手**。這時，威爾伯拉舵抽起機頭，卻因太大力而導致飛機**失速墜地**，結果飛機栽到沙地受損。

就在旁人以為這又是另一次失敗而感到失望時，萊特兄弟卻**一反常態**，沒表現出絲毫氣餒，反而有點**興奮**。他們發現引擎和發射裝置**如常**

運作，表示機體並沒問題。他們花了兩天時間修理，準備再次試飛。

飛起來了！

1903年12月17日，正刮着**凜冽的寒風**。屠魔崗沙丘上站了7個人，包括萊特兄弟以及5個來看試飛的**觀眾**。其中3人是附近救生站的救難隊員，前來準備應付突發之事；另有個好事的酪農和一名18歲少年。大家**合力**把飛機拉到發射軌道前……

「很大啊，這東西用來做甚麼？」少年看着「飛行者」一號**好奇**地問。

「嘿嘿嘿，這個是捕鴨神器，一會兒它就會飛上天空，到海灣那邊撒下巨網，這樣就能抓住許多鴨了。」救生隊員丹尼爾斯**淘氣**地笑説。

「飛上天空？它真的能飛起來？」少年**瞪大眼睛**，既疑惑又期待地一再問道，「還可以抓到很多鴨？」

「唉，丹尼爾斯先生別**逗弄**他了。」奧維爾

苦笑道，「我們連能否飛得那麼遠也未知道啊。」

「沒問題的。」威爾伯只**簡單**地說了一句。

不一會，眾人終於將飛機放到軌道上。

「丹尼爾斯先生，你先在這兒**等着**。」奧維爾拉着丹尼爾斯到軌道盡頭附近，向對方展示一部**相機**，「當我飛起時，按這裏啟動快門就能拍下照片。」

這時威爾伯朝二人叫道：「奧維爾，**準備好了**！」

「我現在過來！」奧維爾拍拍丹尼爾斯的肩膀，「拜託你了。」說着，他就跑向威爾伯身邊。

丹尼爾斯**小心翼翼**地看着面前巨型的四方盒子，喃喃地說：「這就是相機啊。」他還是第一次操控這種**時髦玩意**。

那時其餘四人也來到他身邊，彼此都**不發一言**，而不遠處的萊特兄弟則仍站在飛機旁談話。

不久，奧維爾登上飛機。他趴在駕駛座上，身體緊貼控制板，**發動引擎**。威爾伯鬆開了拉住機體的繩子，飛機隨即緩緩向前**滑動**，並愈滑愈快。當時威爾伯仍抓住機翼柱杆協助穩住機身，一直**快跑**緊跟着。不一刻，飛行者脫離軌道，但這次它並沒如以往般直接摔到地上，而是漸漸升高。

「飛行者」一號終於**飛起來了**！

威爾伯隨即放開手，但仍繼續從後快跑追着。

丹尼爾斯被眼前的景象吸引住，差點忘了自己的**任務**。他趕緊按下快門，拍下了史上首次動力飛行成功一刻的**照片**。

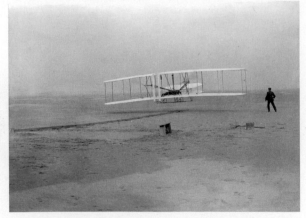

只是，「飛行者」爬升了約3米後卻急速下降，並因其中一翼撞到沙丘而停下來。那時威爾伯看看手上的錶，算出飛行時間只有**12秒**，僅僅飛了約**36米**。

大家立刻**興奮**地跑向飛機，只見奧維爾**滿臉笑容**，慢慢從飛機走出來。

「在上面的感覺怎麼樣？」一位救生隊員禁不住問。

「非常**顫抖**，我要緊緊抓着操縱杆才不會掉下來。」奧維爾說。

「它是否飛起來了？」那個少年仍不敢相信自己的眼睛，**喃喃**地問道，「我沒看錯吧？」

「飛起來了。」威爾伯難得露出笑容，「不是像滑翔機般依靠俯衝力量**滑翔**，而是以機動引擎的力量使機體在半空作**水平飛行**。」

「雖然時間很短，但這絕對是人類第一次成功做到動力飛行。」奧維爾也興奮得有點顫抖，「是

人類**真正的飛行！**」

　　眾人把飛機拖回原處，在休息過後又重新開始。萊特兄弟**輪流試飛**，在最後一次威爾伯更成功飛了約260米，在空中逗留59秒，是那天最長的飛行紀錄。

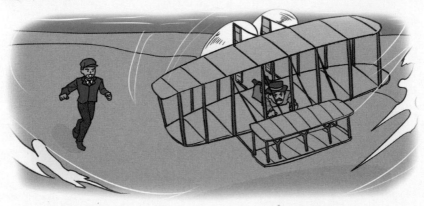

　　當晚，萊特兄弟向家人拍電報**報捷**，並讓他們通知**傳媒**有關消息。可是傳媒卻嫌飛行時間太短，**反應冷淡**，大部分報章都沒報道。幸而兩兄弟並不在意，反說因還未申請**專利**，那樣就避免被別人竊取資料。

　　他們回到代頓後繼續研發新型飛機，只是**資**

金不足，遂先在單車店經營下功夫。除了售賣單車，還兼營維修單車及販售各種零件以賺取利潤，同時另覓較近的地方試飛以減省費用。後來二人發現代頓市東面有塊寬敞的草地，叫「霍夫曼平原」(Huffman Prairie)。該處雖不及小鷹鎮的屠魔崗般開揚廣闊，但離市鎮較近，非常方便。

萊特兄弟着手改良「飛行者」，將引擎馬力增至18匹，並加重後方，改變重心位置，以求增加飛行時的穩定性。1904年二人製造出「飛行者」二號，並改裝了彈射器，令飛機在沒有斜坡和無風環境下也能起飛。

5月26日，萊特兄弟邀請鄰居與朋友到場觀看試飛，同時也引來記者和好奇的路人。然而，新「飛行者」飛起數秒後就直接墮地，令觀眾質疑兩人所說的成功飛行是假的⋯⋯

「飛？有飛過嗎？」

「肯定在吹牛！」

「**騙人**的吧？」

接下來的數個月，兩人的試飛過程很不順利，不是方向舵撞壞了，就是螺旋槳斷裂。**接連失敗**令民眾不再提起興趣，也沒多少人觀看了。不過二人並沒理會，繼續一次又一次地**嘗試**，並從中檢查毛病，加以改善。

結果，約3個月後萊特兄弟在空中飛了300多米。到9月威爾伯測試新彈射器時，竟飛行800多米，滯空時間超過5分鐘，還在上空轉了半圈呢。

1905年，他們製成「飛行者」三號。其機體更堅固，前舵往前延伸，重心移得更前，解決了飛行不穩定的問題。同時，他們將扭動主翼與移動垂直尾翼的裝置分開，這樣操作起來就更**得心應手**。

那時萊特兄弟飛得**愈來愈遠**：17公里、24公里……最屬害的一次是威爾伯飛了約39公里，在半空繞飛近30個圈，在空中逗留足足38分鐘。

此創舉終於引起當地傳媒**姍姍來遲**的注意，大肆報道，民眾對萊特兄弟的成功無不**讚歎不已**。

「飛行者」三號的成功不僅吸引報章記者，也引起歐洲政府**關注**。當時萊特兄弟曾主動詢問美國政府對自家飛機有否興趣，但因蘭利教授得巨額資助卻最終一無所獲的**前車之鑑**，一眾官員都十分審慎，不願即時撥款投資。

相反，**法國**軍部則立刻派人前往代頓，試圖與萊特兄弟商討合作事宜。不過，歐洲民眾仍對兩兄弟的事跡**嗤之以鼻**。那時法國飛行研究先驅如布萊里奧*、杜蒙*等開始有**長足進步**，尤其是1906年杜蒙曾以自製的「卡那爾」鴨型機公開飛行約200多米，雖不及萊特兄弟的「飛行者」，但也

---

*路易‧布萊里奧 (Louis Charles Joseph Blériot，1872-1936年)，法國發明家，1909年曾駕駛飛機首次橫越英吉利海峽。

*亞伯托‧桑托斯‧杜蒙 (Alberto Santos-Dumont，1873-1932年)，巴西籍航空先驅，主要在法國工作和生活，設計過不少熱汽球以及飛船，1901年曾駕駛飛船繞飛艾菲爾鐵塔。

教法國人興奮莫名。

另一方面，萊特兄弟因害怕成果被**剽竊**，一直**固守秘密**。當法國代表團想參觀「飛行者」三號時，二人也不願展示實體，只提供相片。由於無法親眼目睹成果，令大部分人覺得兩人的成功只是**譁眾取寵**，**夸夸其談**，這誤會直至1908年才被一舉打破。

1908年8月8日，威爾伯以最新型號**「飛行者A型」**到法國勒芒的賽馬場**公開試飛**。與之前型號最不同的是A型多加了一個座位，並將所有座位改成坐姿，這樣駕駛員和乘客毋須辛苦地趴在飛機了。

當天下午，工作人員將飛機推到跑道。與此同時，威爾伯**謹慎**地繞着賽馬場走了一圈，確保環境**無礙**，又對發射器仔細**檢查**一遍，不容一絲差錯。然後，他便與工作人員合力將飛機放到發射器上。

　　到大約傍晚6點半，威爾伯低聲說了一句：「各位，**我要起飛了。**」

　　接着他坐上駕駛座，由工作人員協助發動引擎。他細細聽着引擎起動的聲音，然後拉下扳掣。飛機隨即**彈射而出**，順着軌道滑動，然後一**飛沖天**！

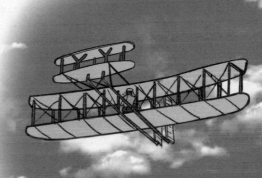

　　「飛行者」升高至10米後，開始自如地**飛翔**，更在空中**傾斜轉彎**。其他競爭對手無法做到的動作，威爾伯卻輕鬆完成了。最後他在賽馬場上繞了2圈，就順利降落到起點附近。整個飛行表演只花了不足2分鐘，卻讓觀眾**欣**

喜若狂。他們紛紛在看台**歡呼吶喊**，有些人更
衝到跑道，想直接與威爾伯**握手道賀**。

　　自那時起，沒有人再質疑萊特兄弟，先前嘲笑
他們的人都紛紛**道歉**，承認自己的錯誤。

承先啟後

此後，威爾伯在歐洲數度公開試飛，並邀請其他嘉賓坐在一旁。每次都有大量民眾為一睹其**飛行英姿**，紛紛前往現場，擠得**水洩不通**。記者也爭相採訪拍照，報道試飛的成績。

另一方面，奧維爾也於同年9月受**美國陸軍**邀請，在**華盛頓**進行試飛活動，許多政府官員和國會議員等都到場參觀。他駕駛着「飛行者」試飛多次，其中一次更繞場飛了55圈，在空中停留近1小時3分鐘，**刷新世界紀錄**。

然而，就在大家歡呼雀躍之際，一場可怕的**夢魘**卻悄然接近。

9月17日，奧維爾與一名中尉在飛行途中發生**意外**。飛機突然劇烈搖晃，直墮地上。多名軍人和記者立刻上前**救援**，抬起墜毀的機體，找到被

殘骸壓住的二人。當時奧維爾痛苦呻吟，而中尉則已昏迷不醒。

二人被送往醫院**搶救**。最後奧維爾雖撿回一命，但多處骨折，傷勢嚴重，至於那名中尉卻**回天乏術**，重傷不治。

　　墜機意外震驚歐美，但沒令萊特兄弟退縮。當威爾伯在歐洲得知消息後，儘管非常**擔心**，也為死者感到**難過**，卻反而更落力進行試飛活動，創造更多飛行紀錄。奧維爾則努力**療養身體**，以求盡快康復，重回天空的懷抱。

　　萊特兄弟的成功給予歐洲航空研究者一記**當**

頭棒喝。他們見識過「飛行者」的精密構造以及駕駛員的高超技巧後，深知自己落後太多，遂**急起直追**，向對方學習，改良自己的飛機。於是，新型機種大量出現，而且更為**先進**，大有超越二人之勢。例如1909年，法國的布萊里奧駕駛自己設計的單翼機，成功橫越英吉利海峽，**成就斐然**。

　　1910年5月25日，萊特兄弟在霍夫曼草原進行唯一一次**同機飛行**。以往二人絕不會那樣做，只會輪流駕駛飛機，因為萬一其中一人發生意外死去，還有另一人繼續實現其夢想。不過，他們憑着**百折不撓**、**屢敗屢戰**的精神，實現夢寐以求的飛行夢想後，終於並肩**翱翔天際**。

海陸冒險家
韋格納

呼——

　　凜冽的寒風在**白茫茫**的冰原上猛烈吹颳，四周縱有太陽照耀，卻無絲毫暖意。一隊人馬在這片雪白大地以**迂迴**的路線緩緩前進，**小心翼翼**地避開冰面那些大小不一且**深不見底**的裂縫。

　　「**哎呀！**」

　　一聲慘叫突然響起，令隊伍戛然停止。數名隊員跑到一條寬闊的裂口邊緣往下一望，就發現有個男人躺在冰層下10多米的**斷崖**。

　　「科赫先生！你怎麼樣？」一個隊員叫道。

　　「我沒事！」科赫慢慢坐起，卻突然按住右腿大嚷，「**噢！很痛！**」

「你真的沒事吧？」

「右腳可能**受了傷**！」他回道，「你們先把我弄上去再說吧！」

眾人遂拋下**繩索**，讓對方綁定身子後再慢慢將他從冰縫拉上來。

「你真幸運，若再往前一點就會掉到**更深處**，到時真的**欲救無從**了。」一名隊員蹲着替科赫稍作檢查，隨即皺起眉頭，「唔……」

他抬頭向身旁一個咬着煙斗的男人說：「韋格納先生，他的右腿該是**骨折**了，怎麼辦？」

韋格納沉吟半晌，說：「現在這麼冷，不能在此逗留，要**盡快**到達目的地，科赫先生你就坐在雪橇上吧。」

「唉，唯有這樣，麻煩大家了。」

之後，眾人趕緊讓馬匹拉動數架沉重的**雪橇**繼續前進。

這是氣象學家阿爾弗雷德·韋格納

(Alfred Lothar Wegener) 第二次來到**格陵蘭**，目的是探索這片極寒之地，和觀察北極圈附近的**極地氣候**以及**冰川環境**。不過，他最著名的研究卻在**地質學**範疇，指

出巨大的陸地並非**一成不變**，而是以人們完全察覺不到的緩慢速度在**漂移**。若想知道這套理論是否正確，先看看其**波瀾壯闊**的一生吧！

上天下地大冒險

1880年，韋格納於德國**柏林**出生。他是家中**么子**，上有五個兄姊，其中三人不幸夭折，只剩下哥哥庫特與姊姊杜妮。父親則是**神學**與**古典語言**博士，在柏林的一所中學任教。

韋格納的學校成績不算突出，卻有將知識**融會貫通**與運用得**恰如其分**的能力。另外，他喜歡戶外活動，常與哥哥一起**登山**，在冬天時則練習**滑雪**，鍛煉出健壯的體魄。

後來，他在著名的柏林洪堡大學攻讀**數學**與**天文學**。不過對好動的他來説，整夜坐着觀測天象並不合自己的個性，遂轉而學習與之相關的**氣象學**。畢業後，他亦**順理成章**成為一名氣象學家。

1905年章格納在貝斯科*附近的林登伯格航空天文台謀得一份**技術助理**的工作，剛巧哥哥庫特也在那裏任職。兩兄弟常把**探空氣球**和**風箏**放至天空，收集風速、雲層高度等**數據**。有時他們更親自乘坐**熱氣球**，在高空探測，研究**大氣層**，並漸漸成為活躍的熱氣球飛行者。

1906年，他們進行了一次**長途旅行**。4月5日，二人從**德國中部**出發，乘熱氣球往北飛行，抵達**丹麥北部**後折返，至4月7日回到**法蘭克福**附近。期間兩兄弟沒降落地面，因而刷新了氣球連續飛行時數的**紀錄**——52.5小時。

---

*貝斯科 (Beeskow)，位於德國東部布蘭登堡州的一個市鎮。

這次經驗令韋格納得到一個前往**格陵蘭**考察的機會。為進一步了解當地的**氣候知識**，事前他拜訪德國氣候專家柯本*。

兩人**一見如故**，討論各種有趣的想法。後來，韋格納結識了其女兒埃爾絲，更墮入愛河。

同年，他跟隨**丹麥探險隊**出發，8月抵達格陵蘭東北部的丹麥港。他們以自身船隻為基地，利用犬隻拉動**雪橇**探索格陵蘭東北沿岸，繪製**海岸線**，並深入當時人類仍未踏足的**內陸區域**。另外，韋格納也與同事以探空氣球和風箏探測附近的極地天氣，記錄各種數據，更在當地建造第一個**氣象觀測站**。

*弗拉迪米爾‧彼得‧柯本 (Wladimir Peter Köppen，1846-1940年)，德國氣象學家與地理學家，提出柯氏氣候分類法，將地球按氣候分成不同區域，如熱帶、乾旱帶、極地帶等，每區在溫度、濕度等方面都各有差異。此分類法直到現今仍被廣泛採用。

次年春天，探險隊分成兩支隊伍。一組由章格納與同伴科赫*前往**北方海岸**，另一組則由隊長埃里克森*帶領兩位隊員調查**東岸峽灣**一帶。當章格納等人順利完成任務後，就返回船上基地。只是，他們**等候**多天，卻不見另一隊回來……

「埃里克森先生他們這麼久仍未回來的？」章格納**擔憂**地問，「難道**出事**了？」

「我還是帶人去找他們吧。」科赫**凝重**地說。

於是，他與一位當地居民前往搜索，結果發現

---

*約翰・彼得・科赫 (Johan Peter Koch，1870-1928年)，丹麥船長與冒險家。
*路德維希・米留斯-埃里克森 (Ludvig Mylius-Erichsen，1872-1907年)，丹麥探險家與民族學家。

其中一名隊員的遺體。經事後調查，他們估計當時埃里克森小隊受夏季融冰影響而一度**滯留**原地，之後由於物資糧食不足與天氣變得嚴峻，最終三人**遇難身亡**。

　　韋格納在那次探險中獲得許多**寶貴經驗**，亦深深體會到要在極地生存並不容易。

世界地圖的啟發

　　1908年韋格納回到德國，及後在馬爾堡大學擔任講師，教授**氣象**與**天文學**，又出版一本書名為《大氣熱動力學》，它一度成為德國**大氣物理學**的標準**教科書**。在忙碌的教學生活中，一次偶然機會使他打開了**地質學**寶庫的大門。

　　1910年聖誕節，他收到一份特別的聖誕禮物，那是一幅**世界地圖**。他看着看着，就發現一件**有趣**之事……

　　「世界果然很大呢！」韋格納看着地圖上的歐洲大陸，然後往西北移動，至**格陵蘭**便想起那裏的景色，不禁輕輕歎道，「已過了兩年啊。」

　　之後他的目光往南前進，越過**赤道**，想像那裏又熱又濕的**熱帶氣候**，還有各色各樣的物種。忽然，他停了下來，以指尖沿着**南美洲東面**的

海岸線游移，接着瞄向**非洲西岸線**，心忖：
「真有趣呢，這兩條海岸線**一凹一凸**的，就好像**拼圖碎片**一般，不知能否拼起來？」

想着想着，韋格納**靈光一閃**：「難道以前兩塊大陸真的**連在一起**？」

但他又隨即搖搖頭：「不不不！這怎麼可能，太**荒謬**了，大陸哪能移動……」

只是，這個「荒謬」的想法一直**縈繞**在心底，揮之不去。

直到次年，他從一些論文中得悉**巴西**與**非洲**曾有相同古生物存在後，那一閃而過的念頭再度浮現，開始構

思**大陸漂移**的可能性。

　　事實上，早於16世紀地圖學家奧特柳斯*就提出類似**構想**，認為美洲乃從非洲**分裂**出去的，可惜苦無憑證。到了20世紀初章格納則繼續努力找尋大陸移動的**證據**，他與柯本合作，查閱各種文獻，嘗試從**古氣候**與古生物角度分析。

　　若想知道古時的狀況，可從**岩層分佈**觀測。地球在過往46億年中不斷變化，舊有土地連同生物遺骸會慢慢**沉積**在底部，被新的土壤覆蓋。科學家只要挖掘深處的岩層，就能找到各個時期所遺留的**獨有痕跡**，由此了解**遠古氣候**與**生態環境**。

　　兩人在**二疊紀***岩層內發現許多不尋常的情況，其中之一是非洲南部、南美洲、澳洲等較炎熱的地方竟有**冰川移動**的痕跡，須知道冰川只會於極寒地區形成。當時科學家一般認為那是全球**冷**

---

*亞伯拉罕・奧特柳斯 (Abraham Ortelius，1527-1598年)，著名地圖學家與地理學家，於比利時安特衛普出生，被譽為史上第一個製作出現代地圖集的人。
*二疊紀 (Permian) 是大約二億九千多萬至二億五千多萬年前的一個地質時代。

化所致，但又無法解釋為何在相同地質時代卻有多個大型**熱帶沼澤**。

韋格納和柯本則認為那時期的非洲大陸南部根本不在現時位置，而是更接近**南極**一帶的極地範圍，才會形成冰川。

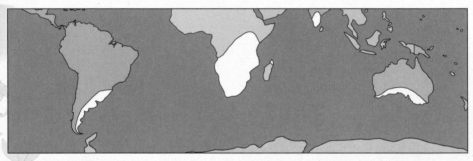

↑從現時各大洲所在位置去看遠古的冰川分佈情況（白色部分），就會發現其完全不合理。

此外，他們觀察岩層的**動植物化石分佈**時也發現一些古怪現象。例如，在二疊紀生存的爬行動物**中龍** (*Mesosaurus*)，長約1米，體形不大，不會**遠洋遷徙**，但考古學家竟於南非和巴西找到其化石。

另外，已滅絕的史前植物**舌羊齒**(*Glossopteris*)只能在較寒冷的副極地氣候生長，且因種子太大，無法作**長距離播種**，但其化石卻廣佈於非洲、印度、南美洲、澳洲等熱帶地區。

　　為何它們會出現在那些「**不可能**」的地方？章格納指出答案就是以前眾多大陸連在一起，那些動植物得以在**內陸遷移**。只是後來大陸慢慢**分裂**，移動到現時的位置。

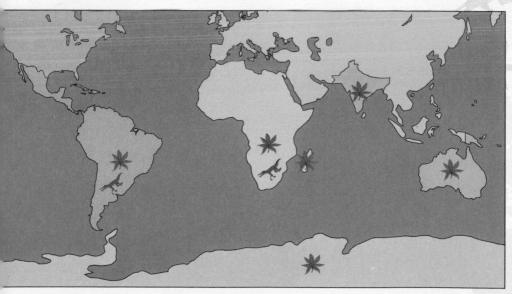

🦎 →中龍　　🌿 →舌羊齒

探險與真相

1912年，韋格納公開發表**大陸漂移理論**，但留意的人不多。與此同時，他也沒放棄自己的氣候研究工作，至年末再次前往**格陵蘭**探索。

探險隊乘船抵達格陵蘭東岸，先在一個巨大冰架高處建立**研究站**過冬，又從中**鑽探冰芯**作樣本分析。到翌年4月春天來臨，就計劃以馬匹與犬隻驅動雪橇，深入內陸地區，到達西岸一帶的**因紐特人**村落。

然而，**凹凸不平**且容易斷裂的冰川常常阻礙探險隊的去路，甚至有同伴發生意外，掉進夾縫之中，加上天氣惡劣，令他們**舉步維艱**。由於旅程所花時間比預算多，食物變得短缺，所有動物也在中途漸次**死掉**，唯有捨棄部分物資，以人力推動雪橇前進。

在章格納等人**千辛萬苦**抵達西岸的海灣時，竟發現地圖出錯，那裏根本沒有村落。他們**當機立斷**，立即從另一方向走到一個峽灣，但也一無所獲，更察覺自身已**彈盡糧絕**。就在一片絕望之際，幸好有艘船經過附近，他與同伴們才得以**獲救**。

章格納回到德國後便與埃爾絲成婚，成為柯本的**乘龍快婿**。次年長女出生，可惜幸福的生活並不長久，**戰火**在整個歐洲蔓延開來了。

1914年，**第一次世界大戰**爆發，德國等同盟國向協約國宣戰。章格納也被**徵召**，被調派

至比利時的前線作戰，後來卻因戰鬥受傷而兩度回家**休養**。

期間，他繼續研究大陸漂移理論，並於1915年出版其最重要的著作《大陸與海洋的起源》*。他在書中繪畫多幅地圖，說明多塊大陸從二疊紀漂移的過程；又認為遠古時期只有一塊**超級大陸**，稱為「Pangaea」(盤古大陸)。此詞由古希臘語「pan」(全部)和「Gaia」(土地)組成，意即「**全部的土地**」。不過，由於該書在戰爭期間以**德文**寫成，故未受德語以外地區留意。

直到1924年《大陸與海洋的起源》被翻譯成**英文**、**法文**和**西班牙文**，始引起英美等學術重鎮關注。其時韋格納在奧地利的格拉茨大學工作，教授**氣象學**與**地球物理學**。

然而，絕大部分學者都**不相信**其大陸漂移理論。1926年美國石油地質學家協會*在紐約舉行研

---

*該書以德文寫成，叫 *Die Entstehung der Kontinente und Ozeane*，即 *The Origins of Continents and Oceans*。
*美國石油地質學家協會 (American Association of Petroleum Geologists) 是世界其中一個大型地質專業人員學會，現時有超過三萬名成員。

歐亞大陸

北美洲

南美洲　非洲

印度

南極洲　澳洲

←這是二疊紀的盤古大陸，可看到各大洲是連接在一起的。

→ 始新世是5600萬年至3400萬年前的一個地質時代，從中可看到大陸已分裂開來，已有現今世界的輪廓。

→現代世界。

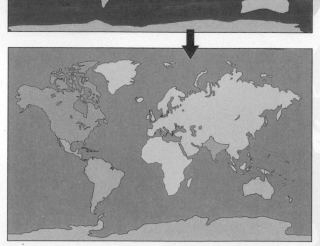

討會，會上討論到該理論時，許多專家**大肆抨擊**，認為那根本是**天方夜譚**，更輕蔑地質疑章格納的專業知識。

他們認為章格納只是一名氣象學家，在地質學領域根本是**門外漢**。另一方面，章格納的理論確實有**瑕疵**，例如他未能提出一套有說服力的機制，去解釋大陸漂流的**原因**和**方式**。雖然他曾提出漂流的動力來源之一是地球轉動產生的**離心力**，但其解釋卻甚為**牽強**。

不過，章格納在這場學術戰爭中並非**默默捱打**。為找到更多證據去證明自己的想法，他希望再到**格陵蘭**，尋找冰川大地從歐洲向西移動的**蛛絲馬跡**。1928年德國科學救援委員會資助其考察活動，於是他立即寫下詳寫的計劃書，建議實行兩次探險之旅，首次為準備活動，繼而正式進行**探索**。

當一切**準備就緒**，1929年初他便展開第三

次格陵蘭之旅。探險隊主要在西部和東部尋找合適地點建立研究站，並**規劃**深入內陸冰川的可行路線。另外，他們到西面的冰川地帶探險作初期的觀測活動，**收集數據**。此外，探險隊與當地的**因紐特原住民**購買犬隻、食物，還商討人力協助；又測試了一些新裝備，如裝有螺旋槳的**機動雪橇**，以便更快運送大量物資。眾人到11月才返回德國。

　　1930年，韋格納第四次來到格陵蘭。探險隊帶著各種**物資裝備**、**研究器材**等，到達西岸研究站。接著，眾人分成數個小組，輪流到中央地區一個偏遠的氣象研究站——「**艾斯米特**」(Eismitte，意即「冰之中心」) 駐守。那裏是北半球其中一個極**嚴寒**的地方，氣溫平均只有零下30

度，入冬時更可達零下60度。

10月初，韋格納與兩名同伴帶着多隻狗，乘雪橇出發前往艾斯米特，準備向那裏的兩名研究員作補給。因**路途遙遠**、**路面難走**，且**天氣惡劣**，他們至10月尾才抵達研究站。

為免有太多人消耗資源，韋格納與一名當地人威魯森決定盡快返回西岸研究站。11月1日正是**啟程**的日子，剛巧那天亦是韋格納50歲**生日**。其他人在倉庫找些乾果和巧克力替其**慶祝**後，二人隨即帶着十數隻狗與兩架雪橇，在零下數十度的**冰天雪地**中開始橫越250多哩。然而，他們不知道這是一場**有去無回**的旅程……

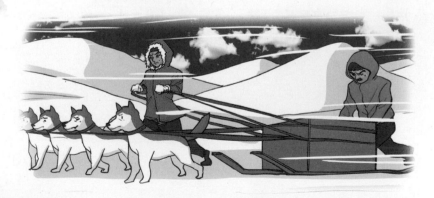

那時，章格納和威魯森頂着**凜冽**的暴風緩慢前行。天氣比之前更**惡劣**，視野一片模糊，許多犬隻很快就抵受不住而**倒下**，成為同伴的食糧。之後，由於太多犬隻死去，兩人只能捨棄一架雪橇和部分物資。只是，他們仍漸漸**舉步維艱**。

「要**撐着**啊，威魯森。」章格納的嘴唇已乾凍得裂開，「嘎！真想拿出煙斗來抽呢！」

「回去後才**享受**一番吧，再喝些酒和暖一下身體。」威魯森**勉力**笑道。

「哈哈哈！好主意！」

寒風**呼呼作響**，不斷吹颳着這片冰冷的**不毛之地**。另一邊廂，西岸研究站的人員也**焦急**地等待着他們回來，可惜一直未見二人蹤影⋯⋯

1931年5月，章格納的兄長庫特率領另一支隊伍抵達格陵蘭，在前往艾斯米特的路途上發現了章格納的屍體，而威魯森卻**不知所蹤**。他們估計章格納在中途**不支倒下**後，威魯森繼續前進，卻因

迷失方向而也**遇難**了。

結果，韋格納始終未能在格陵蘭找到大陸漂移的**證據**，該理論也隨着其逝世而一度**沉寂**。不過，事情並未就此結束。

在第二次世界大戰結束後的50年代，人們積極**探索海洋**這片當時地球最大的未知領域。他們用大型船隻與潛艇**探測**和**蒐集**各種資料，還在海床鑽探岩石採樣，分析其種類及分佈，測量地磁。

至50年代後期，美國海洋學家與地質學家薩普*以及希森*成功繪製出世界首幅**海底地形圖**，令人們清楚「看到」海底的情況。過程中兩人發現了高聳的**中洋脊**與深邃的**海溝**，這些地球裂縫令地殼分成多個**板塊**，而且有些板塊更以緩慢的速度**擴張**，令上層的大陸也隨之**移動**，由此證明大陸漂移是正確的。後來，科學家就將該

*瑪麗‧薩普 (Marie Tharp，1920-2006年)，美國海洋學家與地質學家。
*布魯斯‧希森 (Bruce Charles Heezen，1924-1977年)，美國地質學家。

理論納入最先進的**板塊構造論**中。

　　韋格納雖「出師未捷身先死」，無緣看到自己的學說獲得平反，但因其**堅持研究**，並以無比勇氣去探索新領域，最終令後繼者成功挖掘出地球的「**真相**」，展現於世人眼前。

科學小知識

大陸移動的真相

　　1929 年，英國地質學家霍姆斯 (Arthur Holmes) 首先提出假設，大陸是由於地殼下的地幔產生熱對流而引發移動，這才是大陸漂移的真相。

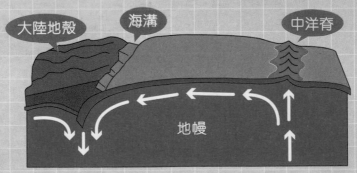

大陸地殼　　海溝　　中洋脊

地幔

↑ 下部地幔受地球核心影響而變得極高溫，慢慢上升到較表面的上部地幔，溫度下降後又再次下沉，形成對流。

特立獨行的
科學天才

愛因斯坦

「如果我可以**追上光**，那將會看到甚麼呢？」

阿爾伯特在街上邊走邊思考，嘗試想像這個**不可思議**的景象。當他回到住處門前，摸摸口袋，卻發覺裏面**空無一物**。

「啊，又忘了帶鑰匙。」他便在門外**高聲呼叫**，「溫特勒太太！」

不一會，大門打開，溫特勒太太就出現在門後。

「你又忘記帶鑰匙了？」她稍微**抱怨**道。

「抱歉，我在想一個**傷腦筋**的問題，不知不

覺間就……」

「唉，你這樣**丟三落四**才令人**傷腦筋**呢！」

阿爾伯特沒理會對方的抱怨，逕自回到房間，繼續**思索**剛才的問題：「如果真的能與光**並駕齊驅**，理論上就會看到一束既在**移動**又是**靜止**的電磁波……哎，甚麼啊，那應該是不可能的吧。」

他反復思量，卻始終**理不清頭緒**，惟有暫時將這古怪的念頭藏在心底，希望有朝一日能找出箇中**真相**。

那時誰也沒想到，這名做事**冒失**的16歲少年

往後與光結下不解之緣，並因此成為蜚聲國際的物理學家，獲得諾貝爾獎的榮譽。其姓氏——愛因斯坦——亦因他與「天才」一詞幾乎劃上等號。

阿爾伯特·愛因斯坦 (Albert Einstein) 努力探究光的本質，繼而在各個科學範疇穿梭往來，從微小到肉眼無法看見的原子世界，到廣闊深邃的宇宙，以至抽象神秘的時空領域，都一一涉足其中。而他那聞名於世的相對論，也與光有着千絲萬縷的關係。

相對論打破傳統思維，顛覆人們舊有的觀念。他能有此創見，源於其敢於挑戰權威的性格，這種特質自其年輕時就已表露無遺。

叛逆少年

　　1879年，愛因斯坦降生於**德國**烏爾姆*的一個猶太家庭。他是家中**長子**，下有一個妹妹。父親從事貿易工作，後來生意垮了，便轉而加入弟弟開設的電力公司，並於1882年舉家遷至**慕尼黑**。

　　在父母眼中，愛因斯坦是個發育有點**遲緩**的孩子，差不多到兩三歲後才懂得説話。這令兩人**擔心不已**，甚至曾為此找醫生商量。後來他漸漸成長，則鮮與其他孩子四處玩耍，反而更喜歡**獨自**疊紙牌、堆積木、擺弄各種機械玩具，有時則坐在一角**思考謎題**，只是在旁人看來卻似在發白日夢。

　　雖然兒子生來有點**與別不同**，但雙親仍用心照料，先後送予一份終生受用的特別「**禮物**」

*烏爾姆 (Ulm)，位於德國西南部的巴登-符騰堡州。

給他。

在愛因斯坦五歲時，曾因患病而臥床休息多天。期間，爸爸來到床邊，問：「阿爾伯特，你覺得怎樣？」

「一直躺在床上，**很悶啊**。」愛因斯坦輕輕伸了伸懶腰道。

「那我送你一個**東西**解解悶吧。」說着，對方就將一個巴掌大的物件放在他手上，「這是**指南針**。」

「指南針？」

「你看到裏面那根針吧？」爸爸指着玻璃下的指針說，「它具有**磁性**，不管在哪個地方，都會一直指向南北兩端啊。」

愛因斯坦聽到後非常**驚訝**，不停把指南針移

往不同位置。果然，無論移到哪裏，磁針依然指着**相同方向**。

「究竟是甚麼力量令它指向同一個方向呢？」小小的腦袋好奇地想着磁力背後的**原理**。

這件事間接啟發他日後循**磁場**、**引力**等這些無形力量的領域深入**鑽研**下去。

至於喜歡音樂的媽媽所送的「禮物」，就是讓愛因斯坦學習拉**小提琴**。起初他很不滿意這安排，但自從聽過莫札特*的樂曲後就大為改觀，不再抗拒。他尤其喜歡莫札特和巴哈*，經常在媽媽的鋼琴伴奏下，一手執琴，另一手拉着弓**合奏音樂**。

*胡爾夫岡．阿瑪迪斯．莫札特
(Wolfgang Amadeus Mozart，1756-1791年)，神聖羅馬帝國 (現今德國) 的作曲家與鋼琴家。
*約翰．塞巴斯蒂安．巴哈 (Johann Sebastian Bach，1685-1750年)，神聖羅馬帝國 (現今德國) 的作曲家、管風琴與提琴演奏者。

他長大後曾多次提到**音樂**對自己**裨益**甚大，尤其遇上科學難題時更會**忘我**地拉琴，以冷靜下來繼續思考。

當愛因斯坦升上小學後，在科學方面的**才華**漸漸**顯露**。他的成績超越其他同學，尤其數學更是**出類拔萃**，時常考得第一名。雖然他不喜歡學習須死記硬背的語文，但仍獲取佳績。

後來，學校所教的已無法滿足其學習需求。父母遂購買各種**課外書**，讓兒子在暑假時自修幾何和代數。當別的小孩在外面嬉戲時，他卻整天留在房中解題，而且**樂此不疲**。另外，那時有位大學醫科生常到訪愛因斯坦家，帶來許多**科學讀物**。愛因斯坦看得入迷之餘，也學到更多有關光、電、磁等知識。

只是，快樂的童年時光**轉瞬即逝**。升上中學後，**反叛**的性格卻令他難以適應校園生活。當時德國受帝國軍政風氣影響，中學強調軍事紀律。

老師要求學生**絕對服從**，不容他們表達其他意見，這種**刻板**的教學方式令愛獨立思考的愛因斯坦**深惡痛絕**。他在課堂敢於**挑戰**身為權威的老師，其高傲無禮的態度令自己成了校方的**眼中釘**。

1894年，父親為工作而決定舉家搬到**意大利**生活，只留下愛因斯坦一人在德國繼續學業。結果，這名失去家庭依靠的15歲少年更難承受學校帶來的**痛苦**，於是下了一個極**大膽**的決定。

據說當時愛因斯坦悄悄請一位家庭醫生寫信證明自己患上**神經衰弱**，申請**退學休養**。此無疑正中校方下懷，老師們也對這個不聽話的聰穎學生「**敬謝不敏**」，遂爽快地批准了。愛因斯坦隨即收拾行李，乘火車前往意大利，告訴**大吃一驚**的父母不再回慕尼黑讀書，也宣佈放棄德國公民身份。

雖然他從德國的中學退了學，卻不打算放棄

學業，轉校到阿勞市立中學*上課。由於那裏校風**自由**，加上**靈活**的教學方式，令他學習得很**愉快**。期間，他寄住在溫特勒一家，並開始做些思考實驗，例如前述的光速景象。

1896年，愛因斯坦考入蘇黎世聯邦理工學校*，且依舊不改其**桀驚不馴**的本色。只是，他發覺學院所教的知識**落伍**，

遂常常蹺課，只隨喜好學習，自行閱讀新近的物理大師如波茲曼[1]、赫茲[2]等的著作。另外，他又經常與同學到咖啡館**討論**各種科學與哲學思想。

---

*阿勞市立中學 (Old Cantonal School Aarau)，位於瑞士阿勞，創立於1802年，是瑞士最古老的非教會中學。

*蘇黎世聯邦理工學校創立於1855年，現改稱為「蘇黎世聯邦理工學院」(Swiss Federal Institute of Technology in Zurich，簡稱ETH Zurich)。

*各著名科學家皆以數字標註，讀者可到p.135「科學家小註釋」了解其資料。

此外，攻讀期間他只專注學習物理，卻忽略高等數學，被數學教授閔考斯基[3]狠狠批評為「**懶鬼**」。那時他對之**不屑一顧**，並沒想到日後將為此事深感**後悔**。更意想不到的是在他建立相對論時，那位教授反幫了自己一把。

愛因斯坦種種行徑在許多教授心中留下**惡劣**的印象，加上對考試**毫不在意**，令評分更差，結果僅以合格成績畢業，及後在求職之路上更是處處**碰壁**。他深信自己必能在學院爭得工作席位，向多間大學投出求職信，可惜全都**石沉大海**，只好做些零星的家教工作糊口。不過，他並沒氣餒，仍不斷撰寫多篇論文，並將其附於信內以證明自己的實力。

自畢業後兩年，藉由昔日同窗格羅斯曼[4]的父親向瑞士專利局長**推薦**，愛因斯坦終於得到一份**固定工作**。獲聘為瑞士伯爾尼專利局*的專利

---

*瑞士伯爾尼專利局 (Swiss Federal Institute of Intellectual Property)，創立於1888年。

審查員，年薪
3500法郎，主
要負責審查各
項專利申請。

由於他效
率高，很快完
成工作，得以
偷偷利用**餘暇**做研究，途中當然要提防被上司發
現呢。一旦有人經過，他就立刻用文件掩蓋散亂的
計算筆記，假裝**埋首工作**。

那時愛因斯坦已**成家立室**，妻子馬里奇是
他的大學同班同學。兩人於入學時相識，及後慢
慢變得親近，最終墮入愛河，並於1903年**共偕連
理**，次年長子漢斯[5]出生。

另外，他與好友索羅文[6]、哈比希特[7]、貝索[8]等
組織「**奧林匹亞學會**」(Olympia Academy)。眾
人一起討論**科學**和**哲學**，閱讀各種古典作品，從

中獲得不少啟發。

這段時期愛因斯坦**收入穩定**，有閒暇和心力研究各種各樣的題目如分子、光學、電磁學、熱學等。到

1905年，他終於發表多篇突破性的**論文**，為科學界帶來**翻天覆地**的改變！

奇跡之年與
狹義相對論

從1905年3月到9月，愛因斯坦一共發表了4篇論文和1篇短文，對多個科學領域**影響深遠**，史稱「**奇跡之年**」。這與牛頓「神奇的兩年」相比，可謂有過之而無不及。

第一篇論文於3月發表，題目是〈**探討光的產生和轉變**〉*，當中探究**光**的本質。

究竟光是甚麼？這在科學界一直存有**爭論**。牛頓提倡光是由一顆顆**粒子**組成的，其學說風靡於18世紀。可是到19世紀初，楊格[9]以實驗推論光是一種**波**，猶如海浪和聲波一般，**推翻**了光粒說。後來馬克士威[10]以方程式連結電、磁與光的關係，提出光是**電磁波**。1888年赫茲更以實驗證實

*〈探討光的產生和轉變〉(*On a Heuristic Point of View Concerning the Production and Transformation of Light*).

電磁波的存在，由此重新確立光波說。

　　然而，光波說卻無法解釋一些如**光電效應****等的特殊現象。於是，愛因斯坦藉着普朗克[11]的量子假說，提出光是由一團團微小的**能量包**組成。那些能量包名為「**光量子**」(light quantum)*，是光能量的**最小單位**。光的亮度取決於光量子的數目，愈多就愈亮。

　　不過，他並未捨棄光波特質，指出光量子所含能量大小取決於光的**波長****。波長愈**短**的光，每粒光量子的能量就愈**大**；相反，光的波長愈**長**，光量子的能量則愈**小**。

　　換句話說，光具有粒子的性質，也有波的性質，此稱為「**波粒二象性**」。

　　接着為取得博士學位，愛因斯坦以**測量分子**為題，於4月尾寫成第二篇論文：〈測定分子

**欲知光電效應、波長、布朗運動、狹義相對論的內容，請參閱p.136的「科學小知識」。
*1926年由美國物理學家吉伯爾特‧路易斯 (Gilbert Newton Lewis) 改稱為「光子」(photon)，此後一直沿用此名。

大小的新方法〉*。隔了十多天後，他在5月中旬又寫下另一篇有關分子的論文：〈以熱分子理論對懸浮粒子在靜止的液體中運動的假定〉*，探討分子在水中**不規則移動**的特性——「**布朗運動**」**。緊接下來他繼續思考**光的速度**……

「如果我可以追上光，那將會看到甚麼呢？」

「不知道，但我覺得那應該非常**不可思議**。」

「你想像不到吧？我想了這麼多年也不明白那是甚麼景象。另外光速又是否**會改變**啊？」

「真是個有

*〈測定分子大小的新方法〉(*A New Determination of Molecular Dimensions*)。
*〈以熱分子理論對懸浮粒子在靜止的液體中運動的假定〉(*On the movement of particles suspended in fluids at rest, as postulated by the molecular theory of heat*)。

趣的問題呢。」

「還有，人們說光要用乙太傳遞，但我覺得那是**多餘**的。」

愛因斯坦在街上一邊走，一邊與同事兼好友貝索**談天說地**，討論各種物理話題。

正當二人說得**興高采烈**之際，突然愛因斯坦大叫一聲：「**我想到了！**」接着他連「再見」也不說，就直接丟下對方匆匆跑回家了。

到第二天貝索回到專利局辦公室工作時，只見愛因斯坦跑過來道：「謝謝你！我**解決**到問題了！」

「問題？啊，是昨天那個光的討論吧？」貝索看着對方**興奮**的表情，不禁**好奇**地問，「你如何解決的？」

「**時間**！它就是答案的關鍵！」愛因斯坦緊握拳頭，「牛頓錯了，**時間**和**空間**才不是**絕對**的，而是**相對**的！」

牛頓曾說時間只以一種速度流逝，空間也**一成不變**。譬如男孩將球拋向同伴，期間不論是誰在哪裏觀察，球到達對手的時間都**一樣**，而兩人

之間的距離亦不會變動。另外，經過前人反復計算，得出光速約為每秒298000公里*。這是一個**極快**的速度，因為步槍子彈發射也只有約每秒0.7至1公里而已。

在此背景下，愛因斯坦道出一個**嶄新**的觀點：時間和空間是**相對**的。若男孩們在接近光速這種特殊環境下拋球，那麼拋球的時間和距離會變

*現代已知光速大約是每秒299792.458公里。

得**不一樣**。

1905年6月，他寫出〈**論運動物體的電動力學**〉*，為光速與光的傳遞問題提供答案，並提出著名的「**狹義相對論**」，闡述時空的關係。文中列出兩項假設：第一，在速度不變的直線運動環境下，所有物理定律**不變**；第二，不論發光源與觀測者的狀態如何，光速在真空環境下**永遠不變**。

假設有人乘坐一輛以光速百分之六十速率行駛的火車時，所看到外面的**時空**將會大不一樣。他會發現車外的時間走得特別**慢**，而且外面的景色非常**古怪**，好像**左右收窄**了一般。這是因為根據相對論，外界的時間出現延滯，而空間則在收縮，時空正在互相影響**。

此外，相對論指出光速是宇宙速率的**極限**。除了光本身，其他事物無法以光速移動。所以，愛

* 〈論運動物體的電動力學〉（*On the Electrodynamics of Moving Bodies*）。

因斯坦明白到少年時想像與光**並駕齊驅**的情況根本不可能發生。

之後他**再接再厲**，於9月發表另一篇名為〈物體慣性與其能量相關嗎？〉*的3頁簡短文章，提出**物質**是**能量**的其中一種表現形式，而且兩者可以**互換**。例如元素「鐳」會不斷放出能量射線，致使其本身質量不斷減少。

愛因斯坦以一條方程式表示物質與能量的關係，即$L=mV^2$。之後他更改代數符號，寫成**舉世知名**的公式：$E=mc^2$。當中E代表「能量」，m則是「物質的質量」，c為「光速」，表示一個極大的數值。此方程式解釋了**少量物質**能換成**極大能量**。

質能轉換對日後研製**核子武器**起着關鍵的啟發作用，只是當時他並未細想這種可怕的用途。

---

*〈物體慣性與其能量相關嗎？〉(*Does the Inertia of a Body Depend on Its Energy Content?*)。

炸彈爆炸就是物質轉換成能量的一種形式。一顆原子彈本身的質量不大，卻能迸發出極大的能量，產生足以摧毀整座城市的驚人威力。

愛因斯坦發表多篇論文後，獲少數知名物理學家**留意**，其中一位是普朗克。他曾在大學解說相對論，令愛因斯坦在科學界**嶄露頭角**。1909年，愛因斯坦得到博士論文導師**推薦**，成為蘇黎世聯邦理工學院理論物理學副教授。就這樣，他回到母校任教，並以**輕鬆**的上課手法著稱……

某天愛因斯坦講課時，發現學生神色有異，遂問：「你們怎麼了？」

「老師，我們從那裏開始就不大明白……」一位學生**怯生生**地指着黑板的某條公式說。

「你們怎麼不說？」愛因斯坦**詫異**道，「不

108

明白就即時說出來，就算打斷我也不要緊，否則我說了半天豈不是**白說**嗎？」

於是，他先回頭解說，然後看看一張寫了撮要的白卡片，繼續授課。此後，每當講解完一個步驟，他便停下來問：「你們**明不明白**？明白的話，我們就繼續吧。」

約半個小時後。

「好，先休息一會。」愛因斯坦道，「之後再繼續解決那**麻煩**的算式。」

他走下講台時，就聽到他們**七嘴八舌**地討論算式的解題。

「老師，我們說得對嗎？」其中一個學生問。

「唔，那很接近目標。」愛因斯坦**話鋒一轉**，説，「對了，你們知道不只有一種解法嗎？」

大夥兒一聽，卻只是**面面相覷**。

「不要緊。」他拍拍那個學生的肩頭，笑道，「你們再想一下，一會我就説答案。」

據學生泰納 (Hans Tanner) 憶述，愛因斯坦常與學生於放學後到**咖啡館**討論各種話題，有問必答，毫無架子，不過一旦投入研究就**心無旁騖**。有次他拜訪對方的家時，一個奇景呈現眼前。書房堆滿一疊疊論文，愛因斯坦坐在桌旁，右手寫字，左手則抱着小兒子愛德華，大兒子漢斯更在其腿旁一邊玩積木一邊大聲叫嚷。但他**充耳不聞**，專心在紙上寫方程式。

突然，愛因斯坦抬頭向泰納道：「等等，我快要完成了。」説着，就把愛德華遞給他來抱，然後繼續**解題**。

　　驚人的**專注力**是令相對論成功誕生的因素之一，而此理論的面世亦為愛因斯坦帶來更好的工作機會。他曾當上布拉格的大學教授。後來，普朗克對其才能甚為賞識，欲**羅致**這名科學界的**新星**，遂邀請對方擔任威廉皇帝物理研究所所長和柏林大學教授，還讓其當選為普魯士研究院的院士。在**優厚待遇**吸引下，1914年愛因斯坦終於重返這個昔日恨不得**溜之大吉**的國家，其事業亦在柏林這先進的科學之都**更上一層樓**。

　　那一年發生不少大事，如**第一次世界大戰**爆發，還有日全食出現，此天文現象能驗證愛因斯坦更全面的**廣義相對論**。

─鳴驚人──
廣義相對論

　　狹義相對論雖有重大**突破**，但仍未完整。蓋因該理論只適用於直線的等速運動，卻無法解決如萬有引力般更常見的**加速運動**。牛頓曾說兩個物體的距離愈近，引力就愈大，亦即不斷加速接近對方*。為了解釋這種現象，1907年仍在專利局工作的愛因斯坦開始思考，試圖將**引力**也融入相對論中。

　　經過數年，他發現引力其實也是**時空扭曲**的一種現象。巨大星體令周圍的時空結構產生彎曲，並使附近的物質都被**吸引**過去，這就是引力的來源。

*有關萬有引力，詳情請參閱《誰改變了世界》第4集p.56。

星體引力模擬

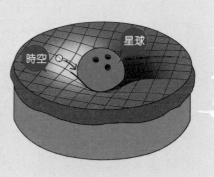

→假設時空是一張巨大的橡皮膜，星球則是一個沉甸甸的保齡球。當保齡球置於橡皮膜上，橡皮膜就會凹陷，表示時空在星球影響下出現彎曲。若這時有一顆小球在保齡球附近，小球便滾向橡皮膜的凹陷位置，那代表了引力。

根據牛頓的萬有引力定律，物體愈大，其引力也愈大。這是因為質量愈大的**星體**造成的時空彎曲愈大，遂產生愈大的引力，這股引力甚至能影響**光線**。光線在宇宙以直線前進，但當遇上彎曲的時空，其**路徑**便會變彎。

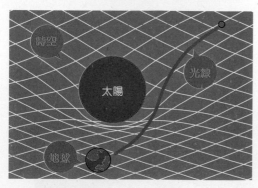

←從遙遠的恆星所發出的光線經過太陽時，會受太陽的引力影響，產生扭曲。

若要觀測這種現象，**日全食**就是最好時機。當太陽被月球遮

*關於時空彎曲的詳情，可參閱《兒童的科學》第177期「科學實驗室」。

擋時，陽光大為減弱，天空變得**黯淡**，這樣就可看到其他**恆星**發出的**光線**經過太陽時有否**偏折**了。

1914年，德國派遣科學團隊到**克里米亞**觀測日全食。然而，當時正值第一次世界大戰，德國與俄羅斯處於**敵對**狀態，整支隊伍在途中被俄軍**拘捕**。幸好後來他們因兩國交涉而**獲釋**，只是也錯過了驗證相對論的機會。

另外，雖然愛因斯坦提出了廣義相對論的概念，但當時仍未以有效的**數學方程式**表達。就在此時，一個厲害的**競爭者**出現了。

1915年，愛因斯坦出席哥廷根大學的活動時，認識著名數學家**希爾伯特**[12]，並向對方解釋相對論。希爾伯特聽到後**大感**

興趣，向他表示會試圖找出那條包容引力的**方程式**。於是，雙方就比賽誰先得出相對論最後的成果。

面對正緊緊追迫的對手，愛因斯坦加快腳步計算，幾乎一刻都沒**鬆懈**，準備於11月的演講報告最新進度。這時，一個**噩耗**傳來，11月16日希爾伯特竟表示自己得到結果。而愛因斯坦則延至11月25日才發表其最重要的重力場方程式，並修正恆星光線經過太陽時的**彎曲弧度**，那大約是1.7弧秒。

雖然愛因斯坦稍晚一步發表成果，但由於希爾伯特曾事後**修改算式**以貼合相對論，故此其當初的結果不應計算在內。

連他自己也**承認**愛因斯坦才是相對論的作者，**功**

勞應該屬於對方的。

那麼，愛因斯坦的計算是否**正確**呢？1919年5月29日出現的日全食就提供了**答案**。

英國天文學家**愛丁頓**[13]組成科學考察隊，於3月初**兵分兩路**作觀測活動。當時，他率隊到非洲西岸對開的小島**普林西**，另一組則到巴西北部的**索波爾**。由於第一次世界大戰結束了半年，海上航行已較安全。

日食出現當天，愛丁頓等人登上小島北面的一個**懸崖**，架設相機，等候日食出現。可惜，天空卻一直**陰沉沉**的……

「唉。」一名考察人員歎了一聲，「這樣怎看啊？」

「別**氣餒**，還有點時間，再**等等**吧。」另一人說。

愛丁頓看看懷錶，分針已指向「II」。日食將於3點13分開始，即是只剩下**數分鐘**。天空雖逐

漸變亮，但仍然有雲遮擋。這時⋯⋯

「**太陽出來了！**」其中一人叫道。

眾人紛紛抬頭，只見雲間穿了一個洞，月球陰影正逐漸移向太陽邊緣。

「抓緊時間！日食開始了！」愛丁頓迅速向天空拍下數張照片後，立刻從相機抽出底片匣，接過別人遞來的新菲林更換，再繼續**拍照**。

月亮「**吃掉**」太陽，四周變得非常陰暗。但過程只有約6分鐘，之後太陽又重新**露臉**，日食結束了。

「不知另一邊是否也成功拍到照片呢？」愛丁頓心想。

愛丁頓將底片送回英國，並與巴西小組的**底片**一起沖洗成照片，再將之與平時晚上拍到的照片比較，發現兩者有**差別**，表示星光偏折了。

在巴西測出偏折度約有1.98弧秒，而普林西小島那方則測出大約1.61弧秒，與愛因斯坦計算的結果很**接近**，由此證明廣義相對論正確。雖然彎曲程度極微小，卻是**偉大的發現**。

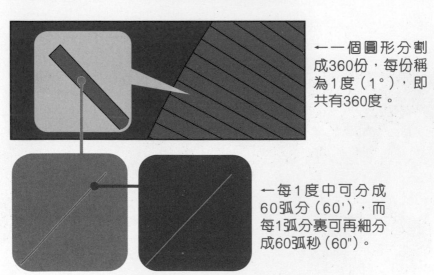

←一個圓形分割成360份，每份稱為1度（1°），即共有360度。

←每1度中可分成60弧分（60'），而每1弧分裏可再細分成60弧秒（60"）。

　　光線彎曲**印證**了相對論，亦表示牛頓古典力學無法涵蓋所有物理現象，但不表示舊有原理完全錯誤。在**日常生活中**，牛頓力學仍是正確和有用，只有當事物的速度接近光速時，才與其結果**相違**。況且，與**複雜**的相對論相比，牛頓力學應用起來更**方便**。故此直至現代，我們仍要學習這套沿用了數百年的理論。

你知道它在哪裏嗎？
——量子力學爭論

相對論的發表舉世震驚，令愛因斯坦成為**世界知名**的科學家。當時各國記者都詢問本地物理學家有關相對論之事，報章爭相報道，連街頭巷尾的民眾也紛紛**似懂非懂**地討論這套「**新潮**」的理論。許多科學家也陸續解釋這超越牛頓的學說，例如愛丁頓在三一學院**演講**相對論時便全場爆滿了。

主角自不例外，愛

天上的光歪曲了！
愛因斯坦理論贏了！

因斯坦幾乎每天都接受柏林記者**採訪**。世界許多機構和大學都被其名氣吸引，競相邀請他**到訪演説**。於是從20年代至30年代初這十數年間，他展開了**世界之旅**，先後到訪多個國家，而首站就是美國。

　　1921年春，郵輪駛至紐約**曼哈頓**。碼頭上除了接待人員，還有數十名記者和攝影師在等候。當船一靠岸，他們就衝到甲板，向那位**赫赫有名**的物理學家採訪和拍照。旅途上，愛因斯坦到了多個城市，例如在**華盛頓**與總統哈定*見面、於**芝加哥**普林斯頓大學演説，並接受一項榮譽學位。

*沃倫・蓋瑪利爾・哈定 (Warren Gamaliel Harding，1865-1923年)，美國第29任總統。

只是，當他來到**波士頓**時，卻引發了一場**小風波**……

「愛因斯坦教授，冒昧請教。」一名記者問，「請問**聲音的速度**是多少呢？」

愛因斯坦略一猶豫，老實答道：「我不記得了，但這種東西只要查**教科書**就能找到吧？」

「教授，這條問題來自流行的『**愛迪生測試**』。」一位接待人員向他低聲道。

「愛迪生*……」愛因斯坦偏頭想了想，道，「我不清楚那測試是甚麼，但我聽過他的名字。那位先生發明了**留聲機**，還有些**電力裝置**。」

「這測試是愛迪生先生用來**篩選**應徵者的。」另一名記者笑道，「不久前他設計超過100條問題，如哪種木材最輕、西維珍尼亞與哪個州接壤等。他認為學院教育只讓人習得**空泛**的理論，卻不懂**實務**，所以要再測試呢。」

*欲知愛迪生的事跡，請看《誰改變了世界？》第1集。

122

「但人做事不能只死記知識，還要**訓練思考**。」愛因斯坦皺眉說，「我反倒覺得學院教育在這方面足以**勝任**，對任何人都很有用，包括那位先生在內。」

四周登時靜下來，氣氛變得很**尷尬**。這時，愛因斯坦的第二任妻子愛爾莎**打圓場**道：「我覺得愛迪生先生是一位處理物質與實務的**發明家**，而我的丈夫則是處理空間和宇宙的**理論家**，兩者**無分軒輊**。」

當美國之旅結束，回程時他途經**英國**，在倫敦逗留了數天，期間到了倫敦國王學院演講。

1922年10月愛因斯坦又獲**日本**一間出版社邀請，前往亞洲地區旅行。夫婦二人走訪**新加坡**、**香港**、**上海**等地，最後抵達日本巡迴演說。

至1923年初回程途中，愛因斯坦收到普朗克和玻爾[14]等人的**道賀信**，原來自己獲得了**諾貝爾物理學獎**。這對他來說是意料之事，早於數年前

與前妻馬里奇商討離婚協議時，就提出一旦得獎，便把**獎金**悉數給予對方。不過，他沒想到得獎並非因為相對論，而是發現**光電效應法則**所作的貢獻。

光的研究令他贏得諾貝爾獎的**榮耀**，但同時光量子與「波粒二象性」理論卻為他帶來一場**無法勝利**的爭論。

自1905年愛因斯坦發表光量子學說後，許多年輕科學家開始**量子力學**的研究，只是其發展卻偏離了愛因斯坦預想的方向。

波粒二象性一度令人們感到**困惑**，因為在肉眼所見的世界裏，沒有一種事物能同時展現兩種性質。科學家藉19世紀中期楊格對光進行過的**雙狹縫實驗**，對電子進行相關的**假設試驗**，發覺連一般電子也具有這種兼具波和粒子的特性。在這實驗中，出現一個**古怪**的現象……

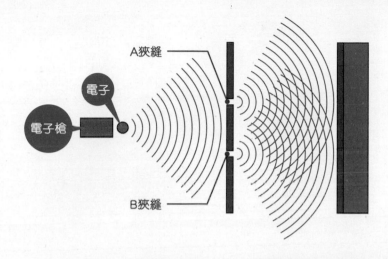

A狹縫

電子

電子槍

B狹縫

↑ 由於電子具有波粒二象性，當一顆電子被發射出來，其波的特性令它能同時通過兩個狹縫，產生兩個波長。猶如一枝電筒的光能同時穿越木板上的兩個孔洞一般。

　　一顆電子能同時通過兩道狹縫，亦即會同時處於一個或以上的位置，那麼要怎樣才能**準確測量**它呢？

　　1927年，年輕物理學家**海森堡**[15]提出一個嶄新的理論——**測不準原理**（uncertainty principle）。其意思是人們直接觀察電子前，無法準確預測電子的位置或移動路徑，只能以**機率**估算。

↑有說在原子的微觀世界是無法準確測量的，因為觀察行為本身已是一種干擾。例如觀測電子時要以光照射，途中光量子就會碰撞到電子，以致最終無法測量出其客觀位置。

　　物理學家透過觀測物質和能量，找出其中的**模式**，從而制定有效的系統，以明瞭大自然的**規律**。然而，測不準原理卻表示只能以機率去估計電子的狀況。換句話說，人們在**微觀世界**再也無法準確計算事物模式，一切變得**曖昧不明**，這顛覆了古典物理學提倡**嚴謹**的因果法則觀念。

　　同時，這套理論**觸動**了愛因斯坦的神經。雖說他提倡波粒二象性而衍生量子力學，但**反對**依靠不穩定的機率決定物理法則，因大自然的一切應

該**有理可尋**。他為此說出了一句名言：「**上帝不擲骰子**。」

量子力學的**不確定性**令愛因斯坦、薛定諤**等舊派科學家與新派科學家產生**矛盾**。在1927年和1930年於比利時布魯塞爾舉行的兩屆索爾維會議*上，雙方更**短兵相接**。愛因斯坦從以前喜歡挑戰權威的黃毛小子，變成了年輕學者眼中保守的權威，卻仍非常**難纏**。他不論在會議還是私人場合，甚至是用餐時，都不斷拋出問題，**質疑**量子力學測不準的觀點。至於老對手**玻爾**則帶領着海森堡等一眾研究量子物理的小夥子，想方設法要**說服**他。

雙方不斷**來回往復**，進行物理思考的**攻防**

---

*索爾維會議，由比利時化學家與企業家歐內斯特・索爾維 (Ernest Gaston Joseph Solvay) 創立的索爾維國際物理學化學研究會，所定期舉行的科學會議。

戰。每當愛因斯坦被駁倒後，就以更多假設實驗提出疑問。而玻爾等人接下新一輪挑戰，在**苦思冥想**後，又找到破綻反駁對方。

最後，年輕的應戰者在辯論中獲得**勝利**，但這不表示愛因斯坦會**屈服**。他始終認為量子力學未夠**完整**，仍無法找出宇宙真理。後來，他將自己餘下半生的時間和精力，轉而研究一套或許能解釋和應用於所有粒子物理現象的**終極法則**，那就是「**統一場論**」。可惜的是，在他有生之年依然無法成功找出答案。

成功的道路

在愛因斯坦努力研究時，**歐洲**變得愈來愈**危險**。自1918年第一次世界大戰結束，德國戰敗，須接受**喪權辱國**的條款和支付巨額賠款，經濟陷於**蕭條**，人們生活日益**艱苦**。德國政府為轉移視線，藉着人民存在已久的反猶太情緒，遷怒於當地猶太人，極端的**納粹思想**乘勢而起。

至1933年希特拉*成為德國總理後，許多知名猶太人士相繼被**暗殺**。到3月愛因斯坦從美國返回歐洲時，更得悉一件**可怕**的事情。納粹衛隊以懷疑他藏有共產黨員武器為由，擅自**搜查**其度假小屋。

*阿道夫・希特拉 (Adolf Hitler，1889-1945年)，德國獨裁者、納粹黨領袖，曾策劃大屠殺，令數以百萬計的猶太人死亡。

鑒於局勢愈發**嚴峻**，愛因斯坦決定不再返回德國。3月28日輪船駛至比利時的**安特衛普**後，他就到當地的德國領事館交還護照，並寫信向普魯士研究院辭職。及後他一度暫居牛津，那時納粹黨要殺他的消息**甚囂塵上**，英國政府隨即派人**貼身保護**。10月7日，愛因斯坦被秘密送到修咸頓，與家人會合後，就轉乘一艘郵輪前往**美國**，從此沒再踏足歐洲了。

及後他定居於**普林斯頓**，更成為普林斯頓高等研究院教授，並間接捲入一場**戰爭**之中。

1939年7月，愛因斯坦到紐約長島度假。一天，正當他坐在門前沉思時，聽到有人**叫喚**自己。

「愛因斯坦教授。」

「兩位是？」他抬起頭來，只見兩個男人站在面前。

「我叫**西拉德**[16]，這位先生叫**泰勒**[17]，我們有些非常重要的事情想與你**商量**。」

「噢，我知道，有人跟我說過了。來，坐吧。」說着，愛因斯坦搬來兩張椅子。

西拉德**開門見山**道：「聽說去年德國科學家已成功發現**核分裂**，這樣要製造核子兵器就邁進一步了。」

「如果被他們搶先造出**原子彈**，恐怕一切再難以挽回。」泰勒接話。

「教授在世界的名望甚高。」西拉德說，「若由你**出面勸說**，總統該會聽從，讓美國也參與研究。」

「當初我發表質能轉換，根本沒想過用來造這些**可怕的東西**。」愛因斯坦想了一會，凝重地說，「唉，我明白了。」

若希特拉真的先得到原子彈，後果就不堪設想……

131

說着，他把紙筆遞給泰勒，然後**口述**內容，由對方寫出，再用打字機打出來，並於信末簽上自己的名字。

之後，他們託人將信交到總統**羅斯福***手上。同年8月底，德國入侵波蘭，英法對德宣戰，**第二次世界大戰**的歐洲戰事開始。由於形勢刻不容緩，羅斯福決定實行「**曼哈頓計劃**」，以求盡快研製核武器。當時愛因斯坦並沒直接參與計劃，只偶爾提供一些科學意見。

1945年8月，原子彈「小男孩」和「**胖子**」分別投落日本廣島和長崎，令兩座城市瞬間被摧毀，超過20萬人**死亡**。這促使日本**投降**，令大戰正式結束。

然而，愛因斯坦卻高興不起來。他意識到自己的研究間接令核武器出現，**威脅**到人類**安危**。晚年他曾說在信上簽署勸總統製造核武是個**巨大錯**

*富蘭克林・德拉諾・羅斯福 (Franklin Delano Roosevelt，1882-1945年)，美國第32任總統，也因戰事而成為美國唯一連任超過兩屆的總統。

誤，但那是**逼不得已**的。一想到德國可能造出那種恐怖的炸彈，就無法**置之不理**。

　　戰後愛因斯坦一直堅持**和平主義**。1955年，他與英國哲學家羅素討論如何阻止世界大戰再次發生，建議公開**發表聲明**，促請各國政府決心不再在戰爭中使用核武。

　　這份聲明被稱為《**羅素—愛因斯坦宣言**》，另有九位知名的科學家簽名支持。宣言結尾作出請求：「我們考慮到未來的世界大戰必會使用**核子武器**，而這種武器將**威脅**人類**存續**。所以，我們在此呼籲各國政府正視問題，公開承認世界大戰無法達成他們的目的，並懇請他們尋求**和平方法**去解決彼此紛爭。」

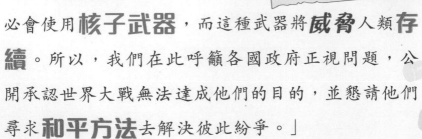

　　愛因斯坦於4月11日簽署聲明，一星期後就**與**

世長辭了，而其逝世又引發一場**風波**。一名醫生在驗屍時竟擅自取出愛因斯坦的**大腦**，希望研究他為何如此聰明。他帶着那個腦穿州過省，展開一場數十年的流浪之旅。至1998年，年邁的醫生將之交予普林斯頓醫院的病理專家繼續研究，以求解開人類**高智商**之謎。

其實，愛因斯坦已提及一些成功的**竅門**：「千萬別停止發問，**好奇心**自有其意義。人在探究宇宙、剖析生命、鑽研世間的奧妙之處時，將不自覺地沉醉其中，無法自拔。只要每天**領悟**到當中一點道理就已足夠。永遠不要失去重要的好奇心。」

另外，「**想像力**比知識更重要。因知識有限，而想像力則**無遠弗屆**，使人進步、產生改變。嚴格來説，它才是科學研究的**真正要素**。」

好奇心和想像力，永遠是打開世界知識之門的必備**鑰匙**呢。

科學家小註釋

1 路德維希・愛德華・波茲曼 (Ludwig Eduard Boltzmann，1844-1906 年)，奧地利物理學家。

2 海因里希・赫茲 (Heinrich Rudolf Hertz，1857-1894 年)，德國物理學家，最早以實驗證明電磁波存在。

3 赫爾曼・閔考斯基 (Hermann Minkowski，1864-1909 年)，德籍猶太裔數學家。

4 格羅斯曼・馬塞爾 (Marcel Grossmann，1878-1936 年)，瑞士數學家。

5 漢斯・阿爾伯特・愛因斯坦 (1904-1973 年)，二戰前夕移居美國，成為美籍水利工程師，後來擔任柏克萊加州大學水利工程學教授。

6 莫里斯・索羅文 (Maurice Solovine，1875-1958 年)，羅馬尼亞哲學家與數學家，曾在瑞士的伯恩修讀哲學。

7 康拉德・哈比希特 (Conrad Habicht，1876-1858 年)，瑞士數學家。

8 米給雷・安傑洛・貝索 (Michele Angelo Besso，1873-1955 年)，瑞士籍意大利裔電機工程師。

9 湯瑪士・楊格 (Thomas Young，1773-1829 年)，英國科學家兼通才，對光學、力學、醫學、音樂、語言等都有深入研究，也是歐洲其中一位較早嘗試解譯羅塞塔石碑上的埃及象形文字的學者之一。

10 詹姆斯・克拉克・馬克士威 (James Clerk Maxwell，1831-1879 年)，蘇格蘭數學物理學家，寫下著名的「馬克士威方程組」。

11 馬克斯・卡爾・恩斯特・路德維希・普朗克 (Max Karl Ernst Ludwig Planck，1858-1947 年)，德國物理學家，因發現量子而於 1918 年獲得諾貝爾物理學獎。

12 大衛・希爾伯特 (David Hilbert，1862-1943 年)，被譽為 19 世紀末至 20 世紀初極具影響力的數學家之一。

13 亞瑟・斯坦利・愛丁頓 (Arthur Stanley Eddington，1882-1944 年)，英國數學家與天文學家。

14 尼爾斯・亨里克・達維德・玻爾 (Niels Henrik David Bohr，1885-1962 年)，丹麥物理學家，於 1922 年獲諾貝爾物理學獎。

15 維爾納・海森堡 (Werner Karl Heisenberg，1901-1976 年)，德國物理學家。

16 利奧・西拉德 (Leo Szilard，1898-1964 年)，美籍匈牙利裔物理學家與發明家。

17 愛德華・泰勒 (Edward Teller，1908-2003 年)，美籍猶太裔物理學家，亦是其中一個奠定核武原理的設計者，被稱為「氫彈之父」。

光電效應

假設有一束光照在金屬上，附於金屬的電子便會吸收光的能量，並脫離原子控制而飛出。只是，是否所有種類的光都有此效果呢？根據光波說，不論使用哪種光波，只要光源愈強，理應有愈多能量使電子飛出，但實際情況卻非如此。

只有紫外線之類波長較短的光才能使電子飛出，若以紅外線等波長較長的光去照射金屬，不管光源多強也無法產生效果，這令科學家非常困惑。

紫外線
即使很微弱也能釋出電子

紅外線
不論多強烈也無法釋出電子

金屬板

電子是一種帶有負電荷的粒子，也是構成原子的基礎粒子之一。

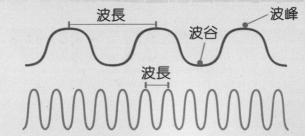

不同波長的電磁波，所蘊含的能量大小也不同。

在 p.102 中，愛因斯坦指出只有波長愈短的光，每粒光量子的能量才會愈大。當能量大過某一特定數值時，電子就可從金屬脫離，否則就不能飛出。

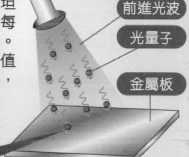

前進光波

光量子

金屬板

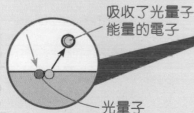

吸收了光量子能量的電子

光量子

光會以波的形式前進，但以粒子形式與其他物質產生交互作用。

1919 年，美國物理學家密立根[*]以實驗率先證明愛因斯坦理論正確。後來，另一位美國物理學家康普頓[*]發現，當波長較短的 X 光射向某物質後，其波長就變長了。此現象稱為「康普頓效應」，可視為光子碰撞物質上的電子後失去一些能量，造成波長偏移。由此證明光既是波，也是粒子。

[*]羅伯特・安德魯斯・密立根 (Robert Andrews Millikan，1868-1953年)。
[*]阿瑟・霍利・康普頓 (Arthur Holly Compton，1892-1962年)。

愛因斯坦也研究化學？

　　從前，人們以氣體分子的動量計算分子大小。1811 年意大利化學家阿佛加德羅 (Amedeo Avogadro) 提出，在相同的溫度與壓力環境下，不同氣體只要具有同等體積，其分子數目都是相同的。後來，科學家以「摩爾」*作為粒子數目的標準單位，並將 1 摩爾代表的粒子數目命名為「阿佛加德羅常數」，而目前測定大約是 6.02214×10^{23} *粒。

　　愛因斯坦則改用液體計算。他以糖水為例，從糖分子在水中擴散時出現的黏度計算其大小與數目。經數次修改，得出糖分子的半徑約為 0.49 納米；阿佛加德羅常數則約為 6.56×10^{23}，與現代的數字接近。

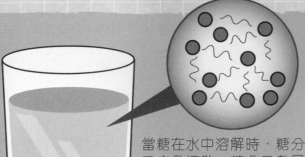

當糖在水中溶解時，糖分子向外擴散。糖分子數目愈多，所受的阻力也愈多，就愈難向外擴散，形成愈高的黏度。

*摩爾，符號是「mol」，表示物質所含基本粒子數目。
*6.02214×10^{23}粒 = 602214000000000000000000粒。

布朗運動

　　這詞語源自英國植物學家羅伯特．布朗 (Robert Brown) 的一篇論文。1827 年，他用顯微鏡觀察花粉顆粒懸浮於水的情況時，發現一些微粒在水中會不規則地移動，人們對此一直未有合理解釋。愛因斯坦就在論文指出那些微小粒子會移動，是水分子不斷撞擊所致。同時，他又探究微粒位置改變的情形，嘗試計算粒子移動路徑的距離。

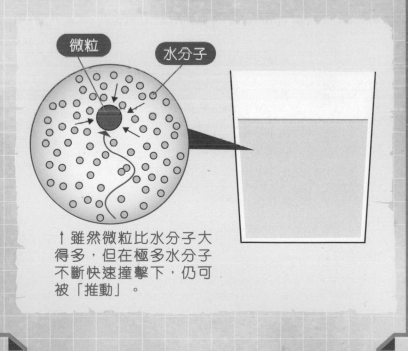

微粒

水分子

↑ 雖然微粒比水分子大得多，但在極多水分子不斷快速撞擊下，仍可被「推動」。

狹義相對論

　　為了解釋事物之間具有相對不同的時空，愛因斯坦以一些思考實驗引證。

　　試想像一個場景，當四周沒有空氣阻力，一輛火車正以光速百分之六十的速率行駛。這時，在火車前後不遠處同時出現一道閃電，那麼在兩道閃電正中間的火車乘客（B）與站在路軌旁的人（A）所看到的景象會否不同呢？

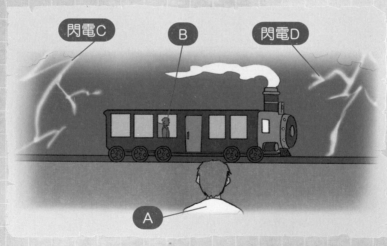

閃電C　　B　　閃電D

A

　　在牛頓提倡的「絕對時間」中，當兩道閃電同時出現，不論A或B都會看到一樣情況。

不過根據愛因斯坦的相對論，兩道閃電的光線以相同速率照到A的眼睛，A會同時看到兩道閃電。

另一方面，因火車正以高速朝D的方向行駛，於是B較晚看到C那道閃電。

對 A 是同時發生的事情，但對 B 而言卻非如此，由此證明時間並不只以一種速度流動。其實，大家也可用計算速率的公式再作思考：

速率公式

改變　　　　　　不變

$$\frac{\text{閃電光與觀察者的距離}}{\text{閃電光到達觀察者眼睛的時間}} = \text{閃電光的平均速率}$$

改變

由於光速不變，若分子的距離出現變化，那麼分母中的時間也須改變了！

此外，當火車在 Ａ 面前呼嘯而過之際，若他能看見車廂內的時鐘，就會發覺時鐘走得比他的手錶慢，這可用一組對鏡實驗解釋。假設在火車車廂的天花板和地板面對面地安裝一塊鏡子，然後從地板的鏡子垂直射出一束光，這樣光線就會在兩面鏡子之間不斷反射，因而上下來回……

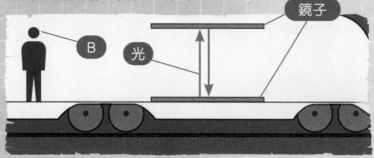

從B的角度去看，光線一直垂直反射向對面的鏡子。

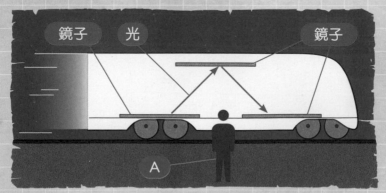

不過，由於火車高速移動，從A的角度看向車廂中的裝置，卻發現光線是斜向射出去的。

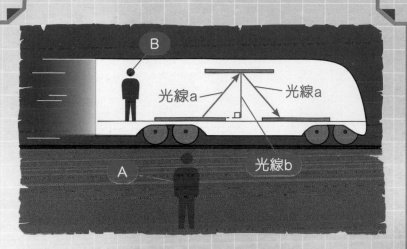

光線a 光線a

光線b

如圖中所見，A所看到的光線a、B所看到的光線b及地板構成一個直角三角形。根據畢氏定理，斜邊必比直角邊長。由於光速不變，所以光線a上下來回一次的時間比b長，由此證明相對於A，B身處的時間較慢。

愛因斯坦稱此為「時間膨脹」。

除了時間，空間也是相對的。當火車在 A 面前經過時，A 會看到車廂內的 B 左右收窄了。這是因為相對於 A，車廂的空間收縮了。

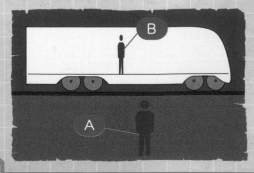

收縮只沿着物體運動的方向發生，故B只會左右收窄，但不會上下壓扁。

要留意以上實驗皆為想像，在現實生活難以觀測。物體行進的速率愈接近光速，其相對時空改變的現象才愈明顯。例如一枝火箭以每小時 4 萬公里的速率飛行時，當中的空間收縮只有約百分之一毫米而已。而且，從實驗得知時間延滯，而空間卻在收縮，彼此就像「互換」了，可見時空能互相影響，並非全無關係。

既生又死？——
薛定諤的貓

玻爾與海森堡等科學家在解釋量子力學時，提到由於粒子同時處於一種以上的狀態（位置），直至人們去觀察，粒子才變成一種狀態，此稱為「量子疊加」。只是許多科學家反對這種觀點，其中一位就是奧地利物理學家薛定諤（Erwin Schrödinger）。他提出一個虛構實驗去說明其荒謬之處。

假設有個密封的盒子，盒內有隻活貓和一個裝置。裝置上有一枝杆子，杆子連着繩，繩的另一端繫了一個槌子，其下方則有個裝了毒藥的玻璃瓶。到底那隻貓會否抓着杆子而觸動機關，使玻璃瓶被打破令毒藥散發出來，導致牠自身死亡？若按「量子疊加」方式去看，在人們不打開盒子觀察情況前，那隻貓正處於既生存又已死亡的狀態。只是，這有可能出現嗎？